江苏省"十四五"农村水利规划丛书

江苏省"十四五"中型灌区续建配套与节水改造规划

JIANGSU SHENG SHISIWU ZHONGXING GUANQU
XUJIAN PEITAO YU JIESHUI GAIZAO GUIHUA

江苏省水利厅 ◎编著

河海大学出版社
HOHAI UNIVERSITY PRESS
·南京·

图书在版编目(CIP)数据

江苏省"十四五"中型灌区续建配套与节水改造规划/江苏省水利厅编著. -- 南京：河海大学出版社，2021.6
(江苏省"十四五"农村水利规划丛书)
ISBN 978-7-5630-7079-4

Ⅰ.①江… Ⅱ.①江… Ⅲ.①灌区－节约用水－灌区改造改善－农业发展规划－江苏－2019－2025 Ⅳ.①S274

中国版本图书馆CIP数据核字(2021)第127590号

书　　名	江苏省"十四五"中型灌区续建配套与节水改造规划
书　　号	ISBN 978-7-5630-7079-4
策划编辑	朱婵玲
责任编辑	成　微
特约校对	余　波
装帧设计	徐娟娟
出版发行	河海大学出版社
地　　址	南京市西康路1号(邮编：210098)
电　　话	(025)83737852(总编室)　(025)83722833(营销部)
经　　销	江苏省新华发行集团有限公司
排　　版	南京布克文化发展有限公司
印　　刷	南京工大印务有限公司
开　　本	787毫米×1092毫米　1/16
印　　张	13.5
字　　数	225千字
版　　次	2021年6月第1版
印　　次	2021年6月第1次印刷
定　　价	81.00元

《江苏省"十四五"农村水利规划丛书》
编辑委员会

主任委员： 叶　健

委　　员： 沈建强　唐荣桂　刘敏昊
　　　　　　姚俊琪　周水生　仇　荣
　　　　　　王滇红　胡　乐　童　建

序

江苏地处我国东部，滨江临海，河湖众多，水系发达，是全国唯一拥有大江大河大湖大海的省份。全省平原面积占68.8%，丘陵山区占14.3%，河湖水域占16.9%，素有"水乡"之称。由于河湖众多，治理管理任务重、压力大，又因江、淮、沂、沭、泗诸河约200万平方公里客水过境入海，历史上一直是洪、涝、旱、渍、风、暴、潮灾害频发的多灾之邦，水多、水少、水脏、水浑问题一直伴随着江苏水利发展。

新中国成立以来，江苏开展了大规模的农村水利建设，从治理洪水入手，发展到治涝治旱、防渍降渍、节水灌溉、生态修复；从工程水利到资源水利、生态水利、智慧水利，江苏农村水利经历了从传统水利到现代水利的巨大转变。特别是"十三五"以来，江苏认真贯彻"节水优先、空间均衡、系统治理、两手发力"的新时期治水方针，通过实施农田水利基础设施提档升级，推进现代农业提质增效；坚持城乡供水一体化，提升农村居民饮水质量；综合整治农村水环境，启动生态河道建设，打造美丽宜居水美乡村；全面深化改革，激发内生动力，不断提升农村水利可持续发展能力和水平。全省农业抗灾能力、粮食生产能力、农村供水保障能力和水资源利用效率不断提升，为全省高水平全面建成小康社会，为建设美丽江苏、率先实现社会主义现代化走在前列奠定了坚实基础。

"十四五"时期是开启全面建设社会主义现代化国家新征程的第一个五年，也是全面推进乡村振兴战略、加快农业农村现代化的关键五年，对标高质量发展和水利现代化要求，全省各地农村水利发展不平衡不充分的情况依然存在,建设、改革、发展的任务依然繁重而艰巨。为认真贯彻落实习近平总书记对江苏工作的重要指示要求,深入贯彻党中央国务院及省委省政府决策部署,准确把握"强富美高"新江苏建设总体布局,为科学描绘农村水利现代化发展新蓝图,加快推进江苏农村水利高质量发展,更好地服务乡村振兴战略实施,促进农业农村现代化,江苏省水利厅在系统总结"十三五"全省农村水利建设、改革与发展以及深入分析新形势、新要求的基础上,组织编著了《江苏省"十四五"农村水利规划丛书》,形成"521"规划体系,即5个"十四五"发展专项规划、2个灌区建设中长期规划、1个灌区信息化方案,共8个分册:

《江苏省"十四五"大型灌区续建配套与现代化改造规划》
《江苏省"十四五"中型灌区续建配套与节水改造规划》
《江苏省"十四五"农村供水保障规划》
《江苏省"十四五"农村生态河道建设规划》
《江苏省"十四五"水土保持发展规划》
《江苏省大型灌区续建配套与现代化改造规划(2021—2035)》
《江苏省中型灌区续建配套与现代化改造规划(2021—2035)》
《江苏省智慧大中型灌区软件平台系统实施方案(2021—2023)》

上述规划均经江苏省水利厅审议通过,其中供水保障规划是按水利部统一部署编制的,与生态河道规划一道列入省经济社会发展"十四五"规划之136项专项规划体系。

为加快农村水利发展、服务和支撑乡村振兴,推动农村水利工作走向法治化,2020年,经充分调研、广泛协调,制定了全国第一部地方农村水利法规《江苏省农村水利条例》,并于2021年2月1日正式施行,为全省农村水利提供了坚实的法治保障。为落实好条例精神,经江苏省人民政府同意,江苏省水利、发改、财政、农业农村、自然资源、生态环境、住房建设等七个部门联合出台《关于切实加强农村水利建设与管护工作的意见》,其各项目标与建设任务,均由本丛书作支撑。

本丛书结合新形势、新要求、新规定，构建了与现代农业农村相适应，功能齐全、布局合理的工程保障体系，职责明确、服务到位的运行管护体系以及规范有效、务实管用的行业监管体系，不断提升农村水利服务农村经济社会发展和保障民生的能力，可作为"十四五"时期乃至2035年全省农村水利规划设计、工程建设、运行管理、改革发展的重要依据。

在此开启新征程、迈进"十四五"之际，谨以本丛书向中国共产党建党一百周年献礼！

在丛书编写过程中，主要参编单位江苏省水利厅农村水利与水土保持处、江苏省农村水利科技发展中心、江苏省水土保持生态环境监测总站等单位、部门领导及相关专家给予了关心和支持，河海大学出版社朱婵玲老师在丛书布局、质量把关和编撰进度等多方面给予悉心的指导和帮助，在此一并表示诚挚的感谢。

受作者水平所限，书中不妥或错误之处，敬请广大读者谅解并予以指正。

2021年3月20日

前言

灌区建设是保障国家粮食安全的重要基础,是农业农村高质量发展的重要支撑,也是实施乡村振兴战略和山水林田湖草系统治理的有效抓手。灌区作为农业生产活动最为集中的区域,既是农田水利设施最密集、农业用水保证程度最高、农业产出量最大的区域,也是农业农村现代化的基础阵地,灌区现代化则是农业农村现代化的重要组成部分。近年来中央一号文件明确要求推进灌区续建配套节水改造与现代化建设,十九届五中全会提出"深入实施藏粮于地、藏粮于技战略,加大农业水利设施建设力度"。根据《水利部办公厅 财政部办公厅关于开展中型灌区续建配套与节水改造方案编制工作的通知》(办农水〔2020〕87号)相关要求,组织开展《江苏省2021—2022年中型灌区续建配套与节水改造总体方案》(以下简称《灌区总体方案》)编制工作,同时充分掌握各地"十四五"中型灌区建设需求,汇总完成《江苏省"十四五"中型灌区续建配套与节水改造规划》(以下简称《规划》)。

江苏省现有中型灌区264处、设计灌溉面积2 858.07万亩,其中重点中型灌区179处、设计灌溉面积2 632.89万亩;一般中型灌区85处、设计灌溉面积225.18万亩。经过几十年的建设改造,全省中型灌区已经初步形成了具有一定规模的灌排工程体系,但受资金投入与建设标准限制,对照乡村振兴、脱贫攻坚等国家战略,国家节水行动,最严格水资源管理,灌区现代化建设以及高质量发展的要求,仍存在灌排工程标准不高、生态治理理念缺乏、信息化手段滞后、管理机制不完善等问题,难以满足现代农业发展新要求。全省中型灌区现状灌溉保证率不足80%,灌溉水利用系数不足 0.58，排涝标准为 5～10 年一遇，骨干工程配套率、完好率约 60%，骨干渠道衬砌率约 35%。

《规划》基准年为 2019 年，水平年为 2025 年。涉及全省中型灌区 75 处、设计灌溉面积 845.72 万亩，其中重点中型灌区 48 处、设计灌溉面积 772.65 万亩，一般中型灌区 27 处、设计灌溉面积 23.07 万亩。《规划》总投资 150.69 亿元，亩均投资约 1 800 元/亩。其中 2021—2022 年根据水利部下达计划实施 27 处、设计灌溉面积 221 万亩，估算投资 22.18 亿元，亩均投资约 1 000 元/亩；2023—2025 年，计划实施 48 处、设计灌溉面积 614.26 万亩，参照各灌区规划，估算投资 128.51 亿元，亩均投资约 2 100 元/亩。

《规划》通过灌排工程设施改造、沟渠生态治理、灌区信息化建设、管理改革等项目，重点实施"1429"工程（改造渠首 137 座、渠道 4 757 km、排水沟 2 923 km、建筑物 9 219 座），着重实现"6891"目标（灌区灌溉水利用系数达到 0.63 以上，灌溉设计保证率 85% 以上，骨干渠系工程配套率、完好率 90% 以上，"两费"落实率 100%），努力实现"节水高效、设施完善、管理科学、生态良好"的现代化灌区。《规划》实施后，累计新增灌溉面积 14.00 万亩，恢复灌溉面积 86.70 万亩，改善灌溉面积 391.91 万亩，改善排涝面积 357.30 万亩，新增供水能力 32 593 万 m^3，年新增节水能力 19 831 万 m^3，年增粮食生产能力 25 916 万 kg，将有效提高灌溉保证率和灌溉用水效率，增强灌区农业综合生产能力，改善灌区生态环境，具有显著的社会、经济和生态效益。

江苏省高度重视《规划》编制工作。2020 年 5 月，省水利厅、财政厅联合发文布置全省《灌区总体方案》编制工作，同时调查各地"十四五"中型灌区建设需求。专门成立了《规划》编制领导小组，由厅农村水利与水土保持处（以下简称农水处）全面协调方案编制工作，委托省农村水利科技发展中心（以下简称省农发中心）承担《规划》编制任务、省水利咨询公司承担《灌区总体方案》咨询任务；7 月，27 处灌区编制完成《灌区总体方案》，经市级水行政主管部门审核后上报省厅；8 月，省厅召开《灌区总体方案》专家审查会，集中时间、逐一开展审查,并在《灌区总体方案》和各地"十四五"中型灌区建设需求的基础上编制完成《规划》,全面总结了江苏省中型灌区节水改造工作开展情况,查找了问题,分析了原因,提出了需求,为"十四五"时期我省中型灌区续建配套与节水改造项目的实施提供了可靠的参考依据。

目录

0 综合说明

- 0.1 基本情况 — 003
- 0.2 需求分析 — 006
- 0.3 总体规划 — 007
- 0.4 工程体系 — 008
- 0.5 生态体系 — 008
- 0.6 管理体系 — 008
- 0.7 投资估算 — 009
- 0.8 实施评价 — 010

1 基本情况

- 1.1 江苏概况 — 017
- 1.2 灌区概况 — 019
- 1.3 管理改革 — 023
- 1.4 成效经验 — 024
- 1.5 存在问题 — 026

2 需求分析

- 2.1 必要性 — 031
- 2.2 可行性 — 032

3 总体规划

3.1	指导思想	037
3.2	基本原则	037
3.3	规划依据	038
3.4	规划目标	039
3.5	主要任务	040
3.6	总体布局	045

4 工程体系

4.1	渠首工程	059
4.2	输水工程	063
4.3	排水工程	064
4.4	建筑物工程	064
4.5	田间工程	065
4.6	配套设施	065
4.7	信息化建设	069

5 生态体系

5.1	基本原则	077
5.2	生态修复	077
5.3	生态走廊	081
5.4	工程措施	082
5.5	非工程措施	083

6 管理体系

6.1 体制改革　　　　　　　　　　　087
6.2 水价改革　　　　　　　　　　　088
6.3 标准化管理　　　　　　　　　　092
6.4 灌溉水利用系数　　　　　　　　095

7 投资估算

7.1 编制依据　　　　　　　　　　　099
7.2 投资估算　　　　　　　　　　　100
7.3 资金筹措　　　　　　　　　　　103
7.4 分期实施　　　　　　　　　　　104

8 实施评价

8.1 环境评价　　　　　　　　　　　107
8.2 水土保持　　　　　　　　　　　110
8.3 实施效果　　　　　　　　　　　112

9 保障措施

9.1 加强组织领导　　　　　　　　　117
9.2 严格项目管理　　　　　　　　　117
9.3 完善投入机制　　　　　　　　　118
9.4 强化人才保障　　　　　　　　　118
9.5 提升科技水平　　　　　　　　　119

附表

附表 1　江苏省中型灌区基本信息表　123

附表 2　江苏省中型灌区水资源利用及骨干工程现状表　136

附表 3　江苏省中型灌区管理情况表　149

附表 4　江苏省中型灌区用水管理情况表　161

附表 5　江苏省中型灌区已实施节水配套改造情况表　178

附表 6-1　江苏省中型灌区"十四五"规划建设内容与效益表（2021—2022）　191

附表 6-2　江苏省中型灌区"十四五"规划建设内容与效益表（2023—2025）　193

后记　197

0
综合说明

0.1 基本情况

江苏省地处长江、淮河流域下游,东濒黄海,西连安徽,北接山东,东南与浙江和上海毗邻,介于东经 116°21′~121°56′、北纬 30°45′~35°08′ 之间。江苏省既是经济强省,也是农业大省,全省国土面积 10.72 万 km^2,耕地面积 6 894 万亩,高标准农田占比 65%,农业综合机械化水平 84%,粮食生产全程农机化占比 79%。

截至 2019 年年底,江苏省现设 13 个省辖市,行政区划如图 0-1 所示,下辖 96 个县(市、区),其中农业县(市、区)75 个。全省全年实现 GDP 9.96 万亿元,一般公共预算收入 8 802.4 亿元,三次产业增加值比例为 4.3∶44.4∶51.3。全省常住人口 8 070 万人,城镇人口 5 698.23 万人,城镇化水平 70.61%,全省居民人均可支配收入 41 400 元,城镇和农村可支配收入比为 2.25∶1。

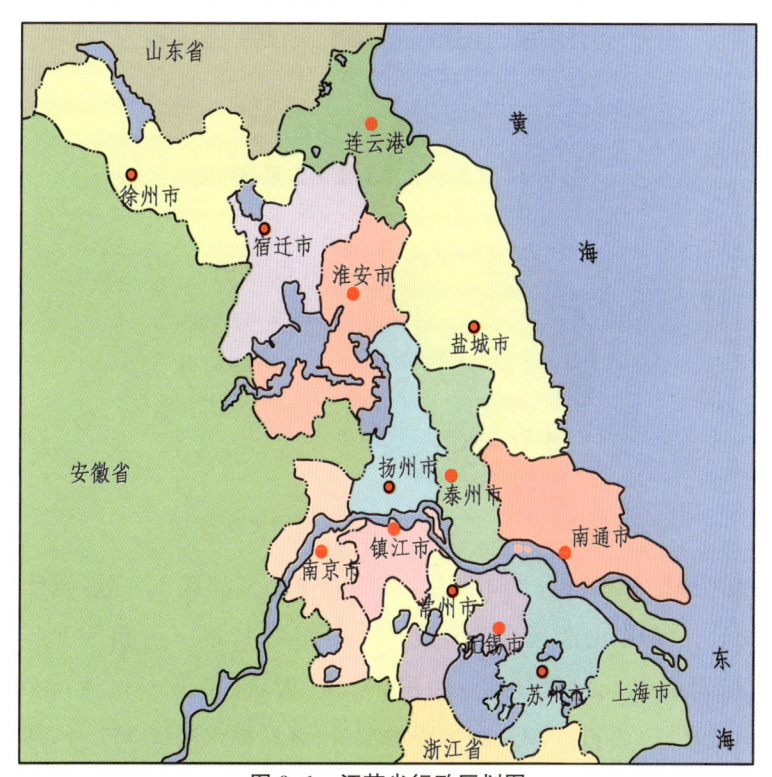

图 0-1 江苏省行政区划图

注:1. 本书计算数据或因四舍五入原则,存在微小数值偏差。
  2. 本书所使用的市制面积单位"亩",1 亩 ≈ 666.7 m^2。

江苏省境内河川交错,水网密布,分布着长江、太湖、淮河和沂沭泗四大水系。长江横穿东西433 km,大运河纵贯南北718 km,东部海岸线长957 km,西南部有秦淮河,北部有苏北灌溉总渠、淮河入海水道、新沂河、新沭河、通扬运河等。全国淡水湖排名第三、第四的太湖和洪泽湖分别位于苏南水乡和苏北平原。

江苏省现有大中型灌区298处,总设计灌溉面积4 434.42万亩,占全省耕地面积的64%。其中大型灌区34处,设计灌溉面积1 576.35万亩;中型灌区264处,设计灌溉面积2 858.07万亩。大中型灌区数量和面积结构如图0-2、图0-3所示。

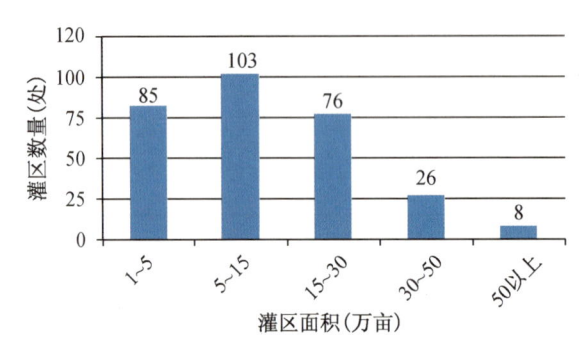

图0-2 江苏省大中型灌区数量结构图

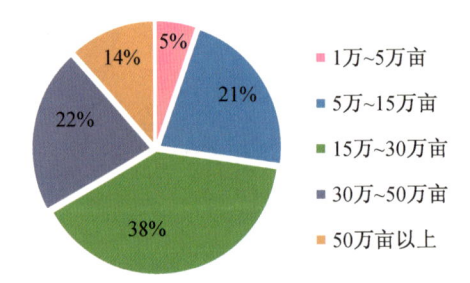

图0-3 江苏大中型灌区面积比重图

全省中型灌区分布如图0-4所示,其中重点中型灌区179处,设计灌溉面积2 632.89万亩;一般中型灌区85处,设计灌溉面积225.18万亩。重点中型灌区中,5万～15万亩103处,设计灌溉面积941.64万亩;15万～30万亩76处,设计灌溉面积1 691.25万亩。按水源工程类型分,泵站提水灌区157处,堰闸引水灌区77处,水库灌区30处;按地貌类型分,丘陵灌区76处,平原灌区150处,圩垸灌区38处。

自1998年以来,全省中型灌区累计投入109.59亿元,其中99处重点中型灌

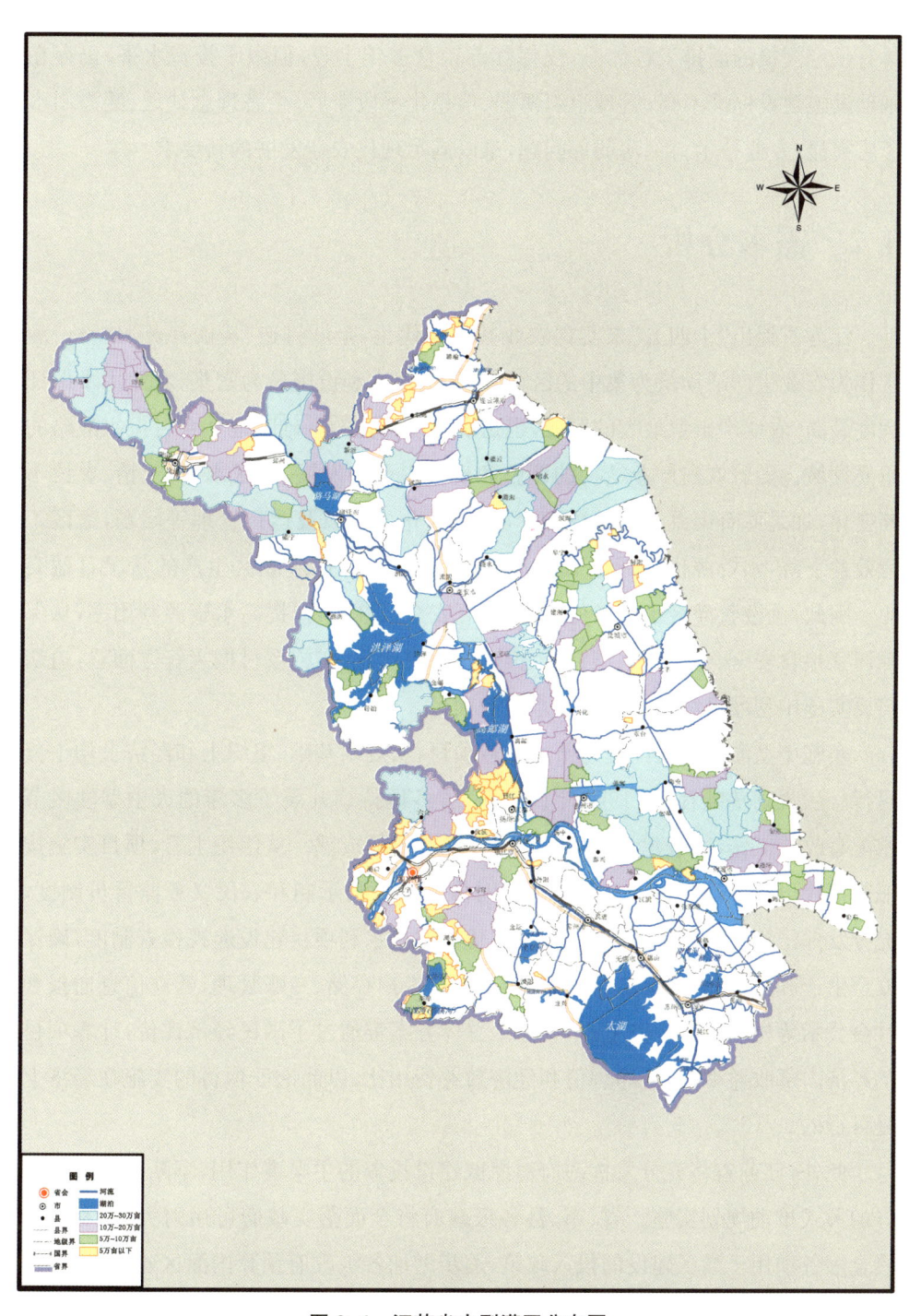

图 0-4　江苏省中型灌区分布图

区实施上一轮国家中型灌区节水配套改造项目,累计投入24.13亿元,已初步形成具有一定规模的灌排工程体系,支撑江苏粮食多年丰收,但限于投资水平,仍存在基础设施建设标准不高、管理组织薄弱、信息化手段滞后、生态理念缺乏、灌溉用水矛盾突显、专业技术力量薄弱等问题,难以满足现代农业发展的新要求。

0.2 需求分析

江苏省提出"十四五"末实现农业基本现代化,全域打造"美丽江苏"建设。灌区作为农业生产活动最为集中的区域,既是农田水利设施最为密集、农业用水保证程度最高、农业产出量最大的区域,也是农业现代化的基础阵地和乡村振兴战略的重要领域。随着农村产业结构的调整和现代农业的发展,灌区水情、工情、农情不断变化,加之原有渠系及建筑物配套不齐、老化失修以及运行管理等问题,灌区工程效益下降,水资源供需矛盾日益加大,水利设施不适应灌区生产的状况日益突出。因此,为改善灌区水利条件,保证灌区安全良性运行,提高水资源利用率,从保障国家粮食安全、建设节水型社会、推进农业现代化、实施乡村振兴等方面看,迫切需要实施中型灌区续建配套与节水改造项目。

实施中型灌区续建配套与节水改造项目,从规划基础、组织上和经济上均十分可行。从规划基础看,自1998年以来,全省各地持续开展了多年的大中型灌区节水配套改造工作,工程建设和建后管护经验都比较成熟。从组织上看,项目实施按照基本建设程序,严格执行"四制",同时推广项目公示制和农民义务监督员制度;充分发挥纪检、监察、审计部门的作用,建立农村水利项目建设巡视检查制度,确保安全生产和工程质量;资金管理上,严格实行专户存储、专账管理,建立信息通报和社会公示等机制。从经济上看,各灌区总体方案都通过了国民经济评价,计算项目的经济内部收益率、经济净现值和经济效益费用比,以此论证项目的实施在经济上是可行的。

此外,江苏省将充分发挥政府对灌区建设投资的主渠道作用,不断探索灵活多样的形式推动规划实施。省、市、县各级政府将全面落实政府可用财力、水利建设资金等各项用于灌区建设的投入政策,逐步增加各级政府预算内灌区建设资金,建立长期稳定的投入机制,探索引导社会化投入机制,充分发挥市场作用,多渠道筹集建设资金,确保建设目标实现。地方各级政府对于规划的实施都有着很高的积极性，各灌区所在县（市、区）财政均承诺在积极争取上级资金的基础上，县级财政将按要求足额配套到位，确保灌区顺利实施，充分发挥效益。

0.3 总体规划

以习近平新时代中国特色社会主义思想为指导，全面贯彻落实新时期治水方针，紧紧围绕乡村振兴战略，进一步更新理念、厘清思路、创新举措，从工程设施标准化、管理方式规范化、创新能力现代化入手，全面打造"节水高效、设施完善、管理科学、生态良好"的现代灌区。综合考虑灌区水源工程、输水工程、排水工程、建筑物工程、田间工程、配套设施以及信息化建设，用先进技术、先进工艺、先进设备打造灌区工程设施，建立配套完善的灌排工程体系；实施灌区标准化规范化管理，充分运用现代化管理手段，创新管理体制机制，按照"面上工程信息化、骨干工程自动化、灌溉调度科学化"的原则，建设科学高效的现代管理体系；统筹山水林田湖草系统治理，维持灌区自然生态功能，以水生态环境修复保护、水文化挖掘与传承、河湖渠沟水系连通、水土保持为重点，构建人水和谐的生态文明体系。

根据江苏省自然地理、水文气象、水资源状况和灌区工程布局等特点，参照江苏省水利分区（其中里下河区以通榆河—串场河为界划分为里下河腹部地区和沿海垦区2个分区），将全省分为15个分区进行分片规划、综合治理①。15个分区分别为：Ⅰ区—南四湖湖西区、Ⅱ区—骆马湖以上中运河两岸区、Ⅲ区—沂北区、Ⅳ区—沂南区、Ⅴ区—废黄河区、Ⅵ区—洪泽湖周边及以上区、Ⅶ区—渠北区、Ⅷ区—白马湖高宝湖区、Ⅸ区—里下河腹部地区、Ⅹ区—沿海垦区、Ⅺ区—苏北沿江区、Ⅻ区—滁河区、ⅩⅢ区—秦淮河区、ⅩⅣ区—石臼湖固城湖区、ⅩⅤ区—太湖湖西区。

规划基准年为2019年，建设期限为2021—2025年。规划实施后，灌区灌溉保证率除个别灌区外达到85%，灌溉水有效利用系数达到0.61；排涝标准达到10年一遇；骨干渠系建筑物配套率、完好率达到90%以上；"两费"落实率100%，水费实收率100%。

---

① 全省共17个水利分区，其中武澄锡虞区、阳澄淀泖区和浦南区3个分区无中型灌区。

0.4　工程体系

按照江苏省高质量发展要求,以提高农业综合生产能力为核心,以保障粮食安全、改善农业生产条件和生态环境为目标,对照现代灌区建设要求,综合考虑灌区水源工程、输水工程、排水工程、建筑物工程、田间工程、配套设施以及信息化系统,进行集中连片建设,构建"沟、渠、路、林、村、闸、站、桥、涵、田"统筹规划,"洪、涝、旱、渍、咸"综合治理,大、中、小工程合理配套,"挡、排、引、蓄、控"功能齐全的工程体系。

结合高标准农田建设、生态河道建设、生态清洁小流域建设、土地整理及规模化节水等多源整合,巩固农业水价综合改革成果,提升管理能力、信息化水平,重点突出水源工程、骨干渠系及配套建筑物能力建设,以提高灌溉保证率、灌溉水有效利用系数、排涝标准为目标,"十四五"全省中型灌区续建配套与节水改造主要建设内容为:渠首改建94座、改造43座;渠道改造4 757.49 km;排水沟改造2 922.81 km;配套建筑物新建4 238座、改造4 981座,管理设施改造4 867处,安全设施改造7 746处,计量设施改造5 733处;实施灌区管理信息化改造66处。

0.5　生态体系

坚持节约优先、保护优先、自然恢复为主,加大灌区库塘渠沟保护和监管力度,推进库塘渠沟休养生息,实施水生态保护和修复工程,打造和谐优美的灌区水环境。沿河、沿渠(沟)、沿库塘水系构建生态走廊,构建灌区乔木、灌木和草本植物合理配置的生态系统。优先考虑生态渠道、生态沟道建设,采用绿色混凝土、生态工法、增设动物生态通道等生态衬砌措施,增加水土沟通交流,增强水系连通、库塘渠沟湿地水生态保护,形成点线面相结合、全覆盖、多层次、立体化的水生态安全网络。

0.6　管理体系

创新现代灌区管理体制机制、农业水价综合改革措施、构建灌溉优化供配水制度与工程科学调度管护体系,建立完善专管与群管相结合的管理体系,提升科技推广与服务能力,继续开展灌溉水有效利用系数测算分析工作,不断规范和提升现代灌区管理服务水平。

灌区水管体制改革。创新现代灌区管理体制机制,深化水管体制改革,足额落实灌区"两费";健全灌区管理制度,建立与管理目标任务相适应的人事制度,严格考评制度,按照农业水价综合改革要求,规范水价核定和水费收缴;实施用水总量控制和定额管理,实施精准灌溉、精准计量、精细管理;加强灌区队伍建设,按照政治上保证、制度上落实、素质上提高、权益上维护的总体思路全面提升从业人员素质;加大对村组集体、新型农业经营主体、农民用水合作组织等田间工程群管组织的指导,发挥其灌区末级渠系运行管理主体作用。

农业水价综合改革。认真贯彻中央有关决策部署,全面落实水利部有关要求,结合江苏实际,加强组织领导,强化责任担当,夯实工作举措,积极主动作为,有力有序推进农业水价综合改革,取得了积极成效,截至2020年11月已全面完成农业水价综合改革任务。

标准化规范化管理。为全面提升灌区标准化规范化管理水平,保障灌区工程安全运行和持续发挥效益,服务乡村振兴战略和经济社会高质量发展,根据水利部《大中型灌区标准化规范化管理指导意见(试行)》《水利工程管理考核办法》等要求,结合灌区建设管理实际,坚持政府主导、部门协作,落实责任、强化监管,全面规划、稳步推进,统一标准、分级实施的原则有序推进灌区标准化规范化管理。县级水行政主管部门负责灌区标准化规范化管理的组织领导,指导、监督灌区标准化规范化建设与管理工作。编制灌区标准化规范化管理办法,充分反映灌区现代化管理的要求,把灌区标准化规范化管理的好做法、好经验固化下来。

0.7 投资估算

《规划》实施75处中型灌区续建配套与节水改造项目,实施总设计灌溉面积845.72万亩,估算总投资150.69亿元,亩均投资约1 800元/亩。建设内容主要包括:渠首工程、骨干灌溉渠道、骨干排水沟、配套建筑物、管理设施、安全设施、计量设施、灌区信息化等。部分灌区提到的"青苗补偿费"均承诺列入总投资,但由地方承担。各灌区投资情况如表0-1所示。根据建设任务是否明确,分为2021—2022

年、2023—2025年两个阶段进行规划。

一是建设任务已经明确。2021—2022年实施的灌区,水利部已下达建设任务,全省计划实施中型灌区27处,均已编制《灌区总体方案》,并经省级审查后上报水利部,总投资22.18亿元,设计灌溉面积221万亩,规模列全国各省(市、区)第一。

二是建设任务暂未明确。2023—2025年实施的灌区,建设任务暂未明确。结合各地规划需求,计划实施灌区48处、设计灌溉面积614.26万亩,估算投资128.51亿元,亩均投资约2 100元/亩。

根据《江苏省政府办公厅关于印发基本公共服务领域省与市县共同财政事权和支出责任划分改革方案的通知》(苏政办发〔2019〕19号)文件精神,除中央补助资金,省级财政对我省一至六类地区分别补助20%～70%,剩余投资市县均承诺足额配套到位。

0.8 实施评价

《规划》的实施,可全面提升灌区基础设施水平,改善灌区农业生产条件、水资源状况和生态环境,促进农业增产、农民增收,保障粮食生产安全,改善农村生产生活条件,推动经济持续稳定健康发展,将产生显著的经济效益、环境效益和社会效益。《规划》实施后,75处灌区累计新增灌溉面积14.00万亩,恢复灌溉面积86.70万亩,改善灌溉面积391.91万亩,改善排涝面积357.30万亩,新增供水能力32 593万 m^3,年新增节水能力22 693万 m^3,年增粮食产量25 916万 kg。

表0-1 江苏省"十四五"中型灌区总体方案投资汇总表

类型	序号	灌区名称	设计灌溉面积(万亩)	投资(万元)	市别	县别	实施年份
		南京市	63.20	110 355			
重点	1	汤水河灌区	17.12	34 240	南京	江宁区	2023—2024
	2	湫湖灌区	8.91	9 483	南京	溧水区	2021—2022
	3	石臼湖灌区	9.00	18 000	南京	溧水区	2025
	4	金牛湖灌区	14.36	28 720	南京	六合区	2023—2024

续表

类型	序号	灌区名称	设计灌溉面积（万亩）	投资（万元）	市别	县别	实施年份
一般	5	下坝灌区	2.56	5 120	南京	江宁区	2025
一般	6	三合圩灌区	2.28	4 560	南京	浦口区	2025
一般	7	石桥灌区	1.41	1 440	南京	浦口区	2021—2022
一般	8	草场圩灌区	1.02	2 225	南京	浦口区	2023—2024
一般	9	龙袍圩灌区	4.19	4 170	南京	六合区	2021—2022
一般	10	新集灌区	2.35	2 397	南京	六合区	2021—2022
徐州市			218.02	385 202			
重点	11	苗城灌区	17.20	17 188	徐州	丰县	2021—2022
重点	12	大沙河灌区	24.70	49 400	徐州	丰县	2023—2024
重点	13	郑集南支河灌区	23.60	47 200	徐州	丰县	2025
重点	14	上级湖灌区	11.78	33 561	徐州	沛县	2023—2024
重点	15	五段灌区	7.80	15 600	徐州	沛县	2025
重点	16	房亭河灌区	11.10	22 200	徐州	铜山区	2025
重点	17	大运河灌区	11.48	11 400	徐州	铜山区	2021—2022
重点	18	高集灌区	15.00	15 000	徐州	睢宁县	2021—2022
重点	19	沙集灌区	29.90	59 800	徐州	睢宁县	2023—2024
重点	20	银杏湖灌区	14.20	14 200	徐州	邳州市	2021—2022
重点	21	民便河灌区	8.60	21 533	徐州	邳州市	2025
重点	22	棋新灌区	16.46	32 920	徐州	新沂市	2023—2024
重点	23	不牢河灌区	19.00	38 000	徐州	贾汪区	2023—2024
一般	24	合沟灌区	4.20	4 200	徐州	新沂市	2021—2022
一般	25	运南灌区	3.00	3 000	徐州	贾汪区	2021—2022
南通市			68.69	129 180			
重点	26	焦港灌区	22.50	45 000	南通	如皋市	2025
重点	27	红星灌区	8.20	8 200	南通	海安市	2021—2022
重点	28	如环灌区	8.10	16 200	南通	如东县	2023—2024
重点	29	新通扬灌区	29.89	59 780	南通	海安市	2023—2024

续表

类型	序号	灌区名称	设计灌溉面积（万亩）	投资（万元）	市别	县别	实施年份
		连云港市	82.61	197 215			
重点	30	叮当河灌区	20.60	57 350	连云港	灌云县	2023—2024
	31	界北灌区	20.00	60 000	连云港	灌云县	2025
	32	淮涟灌区	10.37	26 512	连云港	灌南县	2023—2024
	33	沂南灌区	8.38	8 300	连云港	灌南县	2021—2022
一般	34	昌黎水库灌区	4.00	4 000	连云港	东海县	2021—2022
	35	羽山水库灌区	2.00	4 000	连云港	东海县	2023—2024
	36	贺庄水库灌区	2.00	4 110	连云港	东海县	2023—2024
	37	横沟水库灌区	4.00	8 000	连云港	东海县	2025
	38	涟西灌区	4.65	11 950	连云港	灌南县	2023—2024
	39	八条路水库灌区	2.90	2 903	连云港	赣榆区	2021—2022
	40	王集水库灌区	1.50	4 140	连云港	赣榆区	2025
	41	红领巾水库灌区	2.21	5 950	连云港	赣榆区	2023—2024
		淮安市	60.01	108 200			
重点	42	运西灌区	21.70	43 400	淮安	淮安区	2023—2024
	43	利农河灌区	9.61	9 600	淮安	金湖县	2021—2022
	44	三墩灌区	6.50	13 000	淮安	盱眙县	2023—2024
	45	临湖灌区	20.00	40 000	淮安	淮阴区	2025
一般	46	洪湖圩灌区	2.20	2 200	淮安	金湖县	2021—2022
		盐城市	102.51	164 841			
重点	47	黄响河灌区	18.64	37 280	盐城	响水县	2023—2024
	48	双南干渠灌区	21.30	12 200	盐城	响水县	2021—2022
	49	陈涛灌区	22.00	44 000	盐城	滨海县	2023—2024
	50	川南灌区	15.60	31 200	盐城	大丰区	2023—2024
	51	东南灌区	10.96	21 920	盐城	盐都区	2025
	52	龙冈灌区	6.94	6 900	盐城	盐都区	2021—2022

续表

类型	序号	灌区名称	设计灌溉面积（万亩）	投资（万元）	市别	县别	实施年份
一般	53	花元灌区	2.54	6 841	盐城	射阳县	2025
	54	跃中灌区	2.90	2 900	盐城	射阳县	2021—2022
	55	王开灌区	1.63	1 600	盐城	射阳县	2021—2022
扬州市			103.94	196 627			
重点	56	泾河灌区	10.04	10 000	扬州	宝应县	2021—2022
	57	宝射河灌区	28.64	57 280	扬州	宝应县	2023—2024
	58	三垛灌区	11.89	34 800	扬州	高邮市	2023—2024
	59	红旗河灌区	18.18	18 200	扬州	江都区	2021—2022
	60	三阳河灌区	11.80	23 600	扬州	江都区	2023—2024
	61	沿江灌区	9.56	23 270	扬州	广陵区	2025
一般	62	沿湖灌区	4.80	11 417	扬州	邗江区	2025
	63	朱桥灌区	3.54	7 080	扬州	仪征市	2025
	64	刘集红光灌区	3.66	7 320	扬州	仪征市	2023—2024
	65	秦桥灌区	1.83	3 660	扬州	仪征市	2023—2024
镇江市			1.10	2 200			
一般	66	后马灌区	1.10	2 200	镇江	丹徒区	2023—2024
泰州市			72.64	71 737			
重点	67	孤山灌区	8.97	8 937	泰州	靖江市	2021—2022
	68	黄桥灌区	24.00	24 000	泰州	泰兴市	2023—2024
	69	高港灌区	9.80	9 800	泰州	高港区	2021—2022
	70	周山河灌区	29.87	29 000	泰州	姜堰区	2021—2022
宿迁市			73.00	141 400			
重点	71	皂河灌区	22.80	45 600	宿迁	宿城区	2023—2024
	72	淮西灌区	24.10	48 200	宿迁	沭阳县	2025
	73	新华灌区	21.50	43 000	宿迁	泗阳县	2023—2024
一般	74	曹庙灌区	2.60	2 600	宿迁	泗洪县	2021—2022
	75	红旗灌区	2.00	2 000	宿迁	泗洪县	2021—2022
全省合计			845.72	1 506 957			

1
基本情况

1.1 江苏概况

1.1.1 自然地理

江苏省地处长江、淮河流域下游,东濒黄海,西连安徽,北接山东,东南与浙江和上海毗邻,介于东经116°21′~121°56′,北纬30°45′~35°08′之间。全省国土面积10.72万 km²,耕地面积6 894万亩。

全省地势西北高、东南低。境内平原面积约占68.8%,主要由苏南平原、江淮平原、黄淮平原和东部滨海平原组成,地面高程大部分在5~10 m(废黄河高程系),地势最高的微山湖湖西地区在35 m左右,地势低洼的里下河及太湖水网地区最低在0 m左右;丘陵山地占14.3%,大多为邻省山脉的延伸部分,集中在北部和西南部,主要有云台山脉、老山山脉、宁镇山脉、茅山山脉、宜溧山脉,高程一般在200 m以下;河湖水域占16.9%,江苏素有"水乡"之称,水面所占比例之大,在全国各省中居首位。

1.1.2 水文气象

江苏省地处亚热带向暖温带过渡区,大致以淮河、灌溉总渠一线为界,以南属亚热带湿润季风气候,以北属暖温带湿润、半湿润季风气候。全省气候温和,雨量适中,四季分明,南北气候差异较大,全省年平均气温13~16℃。

全省多年平均降雨量800~1 100 mm左右,但时空分布不均,全年70%左右的降水量集中在汛期的5—9月份。年均降水量在区域分布上自东南向西北递减,其中淮北地区多年平均降雨量850 mm、苏中地区多年平均降雨量950 mm、长江两岸多年平均降雨量1 050 mm,降水量峰值区为宜兴丘陵地带,年均高达1 150 mm。全省自然水体年均蒸发量为950~1 100 mm,陆面蒸发量为600~800 mm,与降雨量相反,自南向北递增。特定的地理位置和气候特点决定了江苏是一个水旱灾害发生概率极高的省份。

1.1.3 河流水系

江苏滨江临海,河湖众多,水网密布,大部分地区水系发达,其中尤其以长江以南的太湖平原和长江以北的里下河平原为大面积的水网密集地带。全省以仅六丘陵经江都、通扬运河至如泰运河一线为分水岭,分为长江、淮河两大流域。

长江流域境内面积 3.86 万 km²,分为长江和太湖水系。长江干流自南京江浦新济州入境,在南通启东元陀角入海,自西向东横穿江苏,是江苏沿江地区的排水、引水大动脉。太湖承受浙江苕溪和本省南溪来水,该地区是全省人口最密集和经济最发达地区,太湖流域西部为山丘区,中、东部为以太湖为中心的平原水网洼地,境内湖泊密集、水网纵横、相互沟通。

淮河流域境内面积 6.86 万 km²,分为淮河、沂沭泗两个水系。淮河西起河南桐柏山,经安徽流入我省洪泽湖,再经淮河入江水道排入长江和淮河入海水道、苏北灌溉总渠可直接排水入海,洪泽湖是淮河流域最大的调蓄湖泊,承转淮河上中游 15.8 万 km² 的来水,也是我省苏北地区最大的灌溉水源。沂沭泗水系上游主要来水河道有沂河、沭河、邳苍分洪道及各支河以及南四湖经中运河下泄的洪水,骆马湖、石梁河水库是我省沂沭泗水系的主要调蓄湖泊水库。

1.1.4 社会经济

江苏省现设 13 个省辖市、96 个县(市、区),其中农业县(市、区)75 个,截至 2019 年底,全省常住人口 8 070 万人,城镇人口 5 698.23 万人,城镇化水平 70.61%。全省全年 GDP 实现 9.96 万亿元,人均 GDP 12.3 万元,居民人均可支配收入 41 400 元,城镇和农村可支配收入比为 2.25∶1。全年完成一般公共预算收入 8 802.4 亿元,三次产业增加值比例为 4.3∶44.4∶51.3。

1.1.5 农业生产

江苏是著名的"鱼米之乡",农业生产条件得天独厚,农作物、林木、畜禽种类繁多,粮食、油料等农作物几乎遍布全省,种植林果、茶桑、花卉等品种 260 多个,蔬菜 80 多个种类、1 000 多个品种。2019 年,全省农业生产稳中有增,全年粮食总产量达 3 660.3 万 t,比上年增产 49.5 万 t,总产居全国第六位。其中夏粮总产 1 326.4 万 t,秋粮总产 2 333.9 万 t。全年粮食作物播种面积 8 213.9 万亩,油料种植面积 238.6 万亩,蔬菜瓜果种植面积 2 137.5 万亩。

1.2 灌区概况

1.2.1 大中型灌区

江苏现有大中型灌区 298 处,总设计灌溉面积 4 434.42 万亩,占全省耕地面积的 64%。其中,大型灌区 34 处,总设计灌溉面积 1 576.35 万亩,主要分布在长江、京杭大运河、苏北灌溉总渠及淮沭河两岸;中型灌区 264 处,设计灌溉面积 2 858.07 万亩。大中型灌区涉及全省 12 个设区市 60 个农业(市、区),具体各市分布情况如表 1-1 所示。

表 1-1 江苏省大中型灌区基本信息汇总表

市别	大型灌区 数量(处)	大型灌区 设计灌溉面积(万亩)	中型灌区 数量(处)	中型灌区 设计灌溉面积(万亩)	面积合计(万亩)
南京	1	31.00	38	212.98	243.98
无锡	0	0.00	1	1.60	1.60
徐州	4	167.00	43	654.20	821.20
常州	0	0.00	2	14.83	14.83
南通	1	38.36	24	338.83	377.19
连云港	4	166.68	31	272.27	438.95
淮安	9	391.78	17	191.65	583.43
盐城	5	351.38	40	417.80	769.18
扬州	2	82.36	37	316.91	399.27
镇江	0	0.00	5	42.32	42.32
泰州	1	32.00	8	123.47	155.47
宿迁	7	315.79	14	230.81	546.60
省监狱农场	0	0.00	4	40.40	40.40
合计	34	1 576.35	264	2 858.07	4 434.42

备注:江苏 13 个设区市中苏州市无大中型灌区。

1.2.2 中型灌区

1）调整情况

根据全国第一次水利普查结果,我省共有中型灌区 283 处,设计灌溉面积 2 167 万亩,2011 年实际灌溉面积 1 644 万亩。其中,重点中型灌区 129 处,设计灌溉面积 1 863 万亩,2011 年实灌面积 1 401 万亩;一般中型灌区 154 处,设计灌溉面积 304 万亩,2011 年实灌面积 243 万亩。

由于行政区划调整以及土地利用现状、水源和渠系布局发生变化等原因,《江苏省中型灌区续建配套与现代化改造规划(2021—2035)》(以下简称《规划(2021—2035)》)调整部分灌区(见表 1-2),由县级水利部门行文,经设区市水利部门审核后,上报省水利厅。调整后全省共有中型灌区 264 处,设计灌溉面积 2 858 万亩。其中,重点中型灌区 179 处,设计灌溉面积 2 633 万亩;一般中型灌区 85 处,设计灌

表 1-2 《规划(2021—2035)》与水利普查灌区数量对照表　　单位:处

序号	市别	普查数量	《规划(2021—2035)》	数量变化	调整数量 新增	调整数量 合并	调整数量 销号
1	南京	41	38	−3	9	4	8
2	无锡	0	1	1	1	0	0
3	徐州	56	43	−13	6	19	0
4	常州	8	2	−6	0	0	6
5	南通	9	24	15	15	0	0
6	连云港	31	31	0	1	0	1
7	淮安	32	17	−15	0	4	11
8	盐城	12	40	28	28	0	0
9	扬州	54	37	−17	3	2	18
10	镇江	7	5	−2	0	0	2
11	泰州	5	8	3	4	0	1
12	宿迁	17	14	−3	3	4	2
13	省监狱农场	11	4	−7	2	5	4
	全省	283	264	−19	72	38	53

溉面积 225 万亩。重点中型灌区中,5 万～15 万亩 103 处,设计灌溉面积 942 万亩;15 万～30 万亩 76 处,设计灌溉面积 1 691 万亩。

与第一次水利普查相比,《规划(2021—2035)》新增灌区 72 处(含列入"十三五"规划重点中型灌区 8 处),合并灌区 38 处,销号灌区 53 处。设计灌溉面积增加 691 万亩,其中重点中型灌区增加 770 万亩,一般中型灌区减少 79 万亩。各设区市中型灌区数量及设计灌溉面积分布情况如表 1-3 及图 1-1、图 1-2 所示。

表 1-3　各设区市《规划(2021—2035)》中型灌区分布情况表

市别	《规划(2021—2035)》数量(处)			设计灌溉面积(万亩)		
	小计	重点中型	一般中型	小计	重点中型	一般中型
全省	264	179	85	2 858.07	2 632.89	225.18
南京	38	12	26	212.98	147.07	65.91
无锡	1	0	1	1.60	0.00	1.60
徐州	43	39	4	654.20	639.00	15.20
常州	2	2	0	14.83	14.83	0.00
南通	24	23	1	338.83	337.58	1.25
连云港	31	14	17	272.27	227.64	44.63
淮安	17	14	3	191.65	184.76	6.89
盐城	40	31	9	417.80	391.70	26.10
扬州	37	18	19	316.91	263.71	53.20
镇江	5	3	2	42.32	40.02	2.30
泰州	8	7	1	123.47	119.97	3.50
宿迁	14	12	2	230.81	226.21	4.60
省监狱农场	4	4	0	40.40	40.40	0.00

2) 工程情况

全省 264 处中型灌区,现状共有渠首工程 1 163 座,其中完好数量 880 座,完好率 75.7%。骨干灌溉渠道总长 50 036 km,完好长度 34 422 km、衬砌长度 17 685 km,完好率 68.8%、衬砌率 35.3%;骨干灌溉渠道中含管道 2 028 km,完好长度 1 784 km,完好率 88.0%。骨干排水沟总长 55 407 km,完好长度 40 161 km,完好率 72.0%。骨干渠沟道建筑物共 154 396 座,完好 106 524 座,完好 69.0%。干支渠分水口数量 12 284 处,斗口 32 417 处,均配备计量设施。

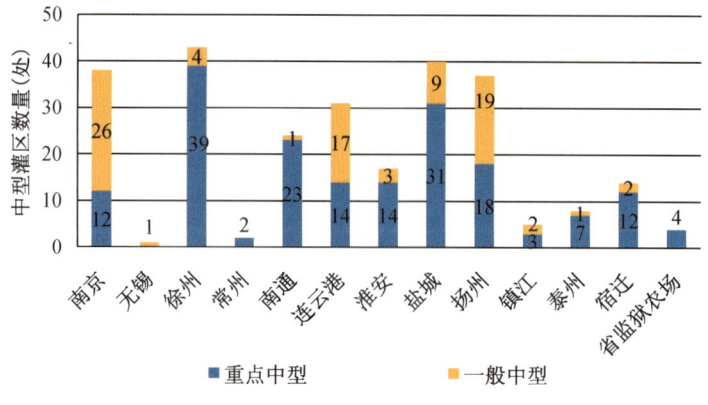

图 1-1　各市中型灌区数量分布图

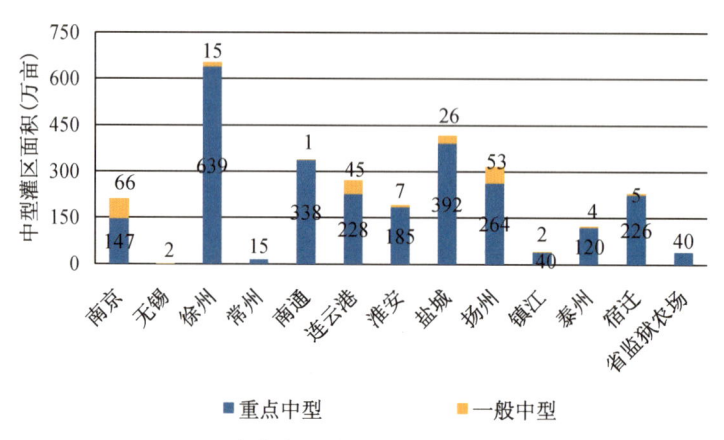

图 1-2　各市中型灌区设计灌溉面积分布图

3) 改造情况

2001 年,国家启动重点中型灌区节水配套改造项目建设,我省当时的 99 处重点中型灌区全部列入改造规划。截至 2020 年,国家共下达我省重点中型灌区 20 批次投资计划。同时,通过中央财政小型农田水利重点县项目、千亿斤粮食产能规划田间工程项目以及地方水利自办项目等实施完成部分田间工程节水配套改造。据统计,截至 2020 年,全省累计完成投资 109.59 亿元(设计灌溉面积 2 858 万亩,亩均投资 383 元/亩)。其中,中央财政资金 45.56 亿元,地方(省、市、县)财政资金 59.55 亿元,其他资金 4.48 亿元(如图 1-3 所示)。累计完成渠首工程改建 1 428 座、改造 464 座,新建及改造灌溉渠道 15 333 km(其中灌溉管道 1 322 km)、排水沟 8 571 km、渠沟道建筑物 15.90 万座、计量设施 7 830 处。项目实施后,恢复灌溉面积 144.89 万亩,新增灌溉面积 79.58 万亩,改善灌溉面积 749.75 万亩,年新增

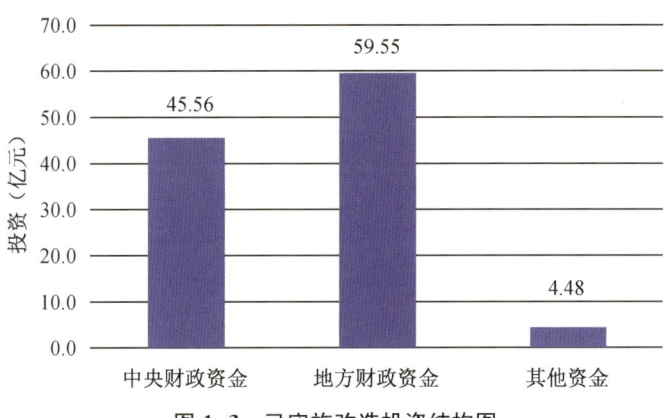

节水能力 5.31 亿 m³，年增粮食生产能力 4.35 亿 kg。

图 1-3 已实施改造投资结构图

1.3 管理改革

全省 264 处中型灌区均明确了管理单位，其中 109 处灌区成立了专门的灌区管理所(处)，其余 155 处灌区主要由县级水利部门、乡镇水利(务)站、农业服务中心或电灌站负责管理。按管理单位性质分，纯公益性 202 处，准公益性 60 处，经营性 2 处(如图 1-4 所示)。管理人员总数 4 849 人，其中定编人数 2 827 人，占总数的 58.3%；管理人员经费核定 3.49 亿元，落实 3.21 亿元；工程维修养护费核定 393 亿元，落实 3.67 亿元；用水合作组织中，农民用水户协会共 991 个、管理面积 2 260.96 万亩，其他用水合作组织 118 个、管理面积 262.86 万亩。

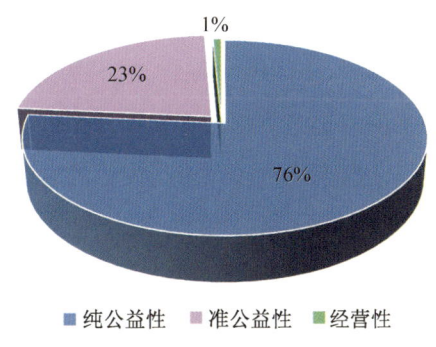

图 1-4 不同性质灌区管理单位比重图

灌区"两费"落实情况。"两费"政策落实，既是难点也是关键点，对于灌区生存和健康发展意义重大。按照水利部、财政部印发的《水利工程管理单位定岗标准》《水利工程维修养护定额标准》，我省绝大部分中型灌区进行了管理人员、管理经费、维修养护经费核定，但存在核定数普遍偏低、未能足额落实到位等问题。据统计，全省264处中型灌区中，已核定人员经费的灌区260处、已落实261处，约占总数的98%；已核定维修养护经费的灌区260处，占总数的98%，已落实264处，占总数的100%。

1.4 成效经验

经过多年节水配套改造，解决了一系列"病险、卡脖子"等关键问题，已形成较为完善的灌排工程体系，基本达到"灌得上、排得出、降得下"的总体要求。改造后的建筑物完好率平均提高20个百分点，配套率平均提高25个百分点，灌溉水利用系数提高到0.58，灌溉保证率由改造前的65%提高到改造后的80%左右，骨干灌排设施排涝标准由改造前的3~5年一遇提高到5~10年一遇。项目的实施有效提高了灌溉保证率和灌溉用水效率，增强了灌区农业综合生产能力，改善了灌区生态环境，产生了显著的社会、经济、生态效益。

1.4.1 主要经验

在灌区多年的建设管理过程中，积极探索灌区建设和管理新机制，大力推进农田灌溉节水化、施工专业化、管护社会化，以现代农村水利设施支撑农业的规模化和现代化。

一是规划引领，整体推进。坚持因地制宜，充分发挥规划的引领作用。全省264处中型灌区均已编制规划，统筹兼顾骨干工程与田间工程、灌溉工程与排水工程等协调发展，保证农村水利整体效益的发挥；统筹农业、发改、财政、自然资源等相关部门的农村水利建设投入，坚持集中治理、连片开发的原则，确保建一片，成一片，发挥一片效益，并注重典型示范带动作用，加强示范项目区建设。

二是因地制宜，分区治理。在治理模式上，按照不同自然地理条件、水文水资源特点实行分区治理，主要分为南水北调供水区、里下河腹部地区、沿海垦区、沿江高沙土区、宁镇扬山丘区，结合各分区实际因区施测、综合治理。

三是典型引路,突出重点。以解决灌区"卡脖子"问题为重点,分清轻重缓急,突出"急难险重",注重从源头治理,解决灌区水源问题,突出关键节点工程。在加快推进灌区建设中注重整合相关资源,着力打造规模适度、效益突出、群众欢迎的灌区示范工程以及具有较强创新性、能复制、可推广的改革典型。通过示范引导、典型引路,加快推动全省灌区创新发展。

四是生态优先,统筹兼顾。在提高输配水效率的同时,紧抓生态优先主线,对漏损严重的输水干线进行生态护砌,对水土流失严重的排水河道进行生态治理,力争河道功能恢复与水环境改善,同时设计、同时实施、同时发挥效益。

五是建立机制,严格执行。在项目建设过程中,严格执行基本建设程序,严把立项、审批、施工、验收等多个环节,推行和完善项目公示制、工程招投标制、建设监理制等管理制度,规范项目建设管理程序。

1.4.2　建设成效

近年来项目的持续建设进一步健全了我省中型灌区水利基础设施,改善了生产条件,提高了粮食产能,增加了农民收入,促进了产业结构调整,创造了优良生态环境,为实现传统农业向现代化农业转变提供了必要的基础,为农村经济可持续发展提供可靠的保障,产生了显著的工程、生态和社会效益。

一是完善了灌排基础设施。通过项目实施,中型灌区灌排工程基础设施得到完善,灌溉保证率提高到80%,灌溉水利用系数提高到0.58,排涝标准由3~5年一遇提高到5~10年一遇,工程配套率提高25%,完好率提高20%;新增灌溉面积79.58万亩,恢复灌溉面积144.89万亩,改善灌溉面积749.13万亩,年新增节水能力50 115万m^3,年增粮食生产能力44 211万kg。

二是提高了建设管理水平。通过灌区改造项目的实施和农业综合水价改革的推进,我省264处中型灌区均明确了管理单位,部分灌区成立了专门的灌区管理所(处),负责骨干灌排设施的建设管护和灌区用水的科学管理。所有中型灌区基本完成农业水价综合改革,成立了农民用水者协会,负责田间工程设施的管护和灌溉用水的协调,为实现灌溉排水科学调度提供了有力保障。

三是改善了农村生态环境。通过改造,灌区农田林网化密度和植被覆盖率增大,土壤次生盐碱化和水土流失减少;水稻实行节水灌溉,减少了农药化肥流失,减轻了水体污染,提高了农副产品品质,同时沟河淤积得到清理,改善了水环境,无水成有水,死水变活水,节省水量可以提高灌区生态调节能力。

四是产生了显著社会效益。灌区改造项目的实施,有助于充分发挥灌区的最大潜力,增强农业发展后劲,极大地改善灌区的生产生活条件,降低灌溉成本,促进农业增产、农民增收;不但节省了大量的农业用水,而且极大地调动了农村水利建设投入的积极性,促进了灌区现代化管理水平不断提高,同时减少了水事纠纷,减轻了基层政府负担,有利于社会稳定。

1.5 存在问题

经过几十年的建设改造,全省中型灌区已经初步形成了具有一定规模的灌排工程体系,但受资金投入与建设标准的限制,对照乡村振兴、脱贫攻坚等国家战略,国家节水行动、最严格水资源管理、灌区现代化建设以及高质量发展的要求,仍存在设计标准不高、工程配套不完善、组织管理薄弱、信息化管理水平不高、运行管护机制不到位等问题,难以满足现代农业发展新要求。

一是骨干灌排设施基础较差。中型灌区大多兴建于20世纪六七十年代,经多年运行,普遍存在设施设备老化、灌排设施配套不全、灌溉保证率标准不高等问题,难以满足现代农业发展要求。与大型灌区相比,1998年以来大型灌区实施了一轮续建配套与节水改造,而264处中型灌区中,仅列入《江苏省中型灌区节水配套改造规划》的99处重点中型灌区(共179处)实施了一期节水改造,不论灌区规模大小,投资均为2 200万元左右,投资标准低。中型灌区现状灌溉保证率,灌溉水利用系数,排涝标准,骨干工程配套率、完好率,渠道衬砌率等,与现代化灌区标准还有较大差距。

二是管理体制机制尚不完善。与大型灌区相比,中型灌区管理体制机制有待完善。中型灌区虽然都已明确管理单位,但大多由乡镇水利站、水库、闸站及河道管理所等管理,专门负责灌区管理的人员技术力量明显不足。我省中型灌区大多位于苏中、苏北地区,人员管理经费不足,人才流失严重,甚至很多灌区十几年都未引进技术人才。据统计,全省中型灌区管理人员总数4 849人,其中定编人数仅2 827人,定编人数仅占总人数的58%;灌区管理人员年龄结构不合理,40岁以下人员比例不足15%;人才配备和梯队建设不合理,85%以上为助理工程师以下职称;普遍存在学历层次低、专业结构不合理现象,高中及以下人员比例超过50%,

部分大中专学历人员的专业与灌区管理无关,人才资源的缺失导致灌区建设管理水平难以跟上灌区现代化建设步伐。

三是灌区信息化手段滞后。受投资规模限制,上一轮改造中大多数灌区均未实施信息化改造,仍沿用传统的装备和技术手段,缺乏有效的监测、控制、调度、信息采集与共享服务,信息化、自动化、智能化程度不高,与高质量发展的要求不相适应。灌区管理硬件、软件设施方面总体投入不足,用水计量设施覆盖率低,主要建筑物监测信息及灌区日常运行等仍为传统人工管理模式,与"面上工程信息化、骨干工程自动化、灌溉调度科学化"的要求相比,自动监控和综合管理信息平台建设亟需大力推进。

四是生态治理理念缺乏。近年来,灌区建设管理逐步注重并融入生态治理和山水林田湖草生命共同体的理念,但受原设计标准、资金投入、设计理念等多重因素影响,总体上说,生态治理的理念仍然缺乏,部分防渗渠道完全采用混凝土衬砌,将生物通道完全隔离;部分建筑物建成后,缺少相应的绿色防护,与周边环境格格不入。同时,由于灌区水系相对独立,缺少与外围水系的连通,加上农药化肥的过量施用带来面源污染加剧,使得灌区生态环境不佳,特别是排水沟道生态环境较差,亟需加大生态灌区建设投入力度。

五是灌溉用水矛盾突显。灌区灌溉工作制度和灌排渠系布局大多在灌区规划之初就已确定,经过多年运行,灌区的水情、工情和种植结构发生调整、变化,仍沿用原有用水管理制度已跟不上灌区发展的实际需要。部分自流灌区随着外部水源水位的降低,灌区的自流灌溉面积大大减少;由于区划调整,灌排工程布局均发生变化,已有灌排沟(渠)已不能满足灌区的需要,需要重新规划布局和调整用水管理方案;部分灌区由于供水水源变化,渠首灌溉水位达不到设计要求;水稻泡田期用水高峰集中,渠首、渠系建筑物过流能力不足,部分工程已成为"卡脖子"工程,用水矛盾日趋激化。

2
需求分析

2.1 必要性

2019年中央一号文件提出农业农村优先发展,明确要求推进大中型灌区续建配套节水改造与现代化建设。灌区作为农业生产活动最为集中的区域,既是农田水利设施最为密集、农业用水保证程度最高、农业产出量最大的区域,也是农业现代化的基础阵地和乡村振兴战略的重要领域。因此,加快中型灌区续建配套与节水改造在新时期的国家发展战略中具有重要意义。

一是保障国家粮食安全的需要。习近平总书记多次强调中国人要把饭碗端在自己的手里,而且要装自己的粮食。从我国近年来的灌溉面积发展和粮食进口情况来看,我国粮食安全情况不容乐观。江苏是全国粮食主产区之一,而粮食主产区的重点是灌区。特殊的地理位置和气候条件决定了我省洪涝旱渍等灾害频发,加之我省土地后备资源有限,提升灌区建设管理水平,改善农作物生产条件,提高农产品单产和品质是确保粮食安全的必然要求。

二是落实乡村振兴战略的需要。落实乡村振兴战略必然要求实现农业农村现代化,而灌区率先现代化是农业农村现代化的前提和基础。我省灌区数量众多,经过长期以来持续不懈地投入和建设,基础设施条件不断改善,农业用水效率不断提高,农业抗旱减灾成效显著。但总体上工程标准仍然偏低,还不同程度上存在配套不足、管理粗放、信息化水平低、人才资源缺乏、生态环境问题突出等诸多短板。围绕率先实现现代化这一目标,将我省灌区全面打造成为"节水高效、设施完善、管理科学、生态良好"的现代灌区,是十分必要和紧迫的。

三是推进农业农村现代化的需要。党的十九大提出"推动新型工业化、信息化、城镇化、农业农村现代化同步发展"的要求。灌区作为粮食生产和现代农业发展的主阵地,其现代化建设不仅直接关系到乡村振兴战略的实施,而且关系到农业农村现代化全局。无论是人们对更高生存质量的新期待,还是农业向更高层次发展的新要求,灌区在现代农业体系中的作用都是无可替代的。灌区必须进一步增强在农业农村现代化中的基础作用,建立水源可靠、灌排设施完善的工程体系,全面解决目前输配水能力不足的问题,才能不断增强灌区水旱灾害防控能力、水资源保障能力和管理服务能力,为农业农村现代化打下坚实基础。

四是加快水生态文明建设的需要。灌区由水源、灌溉系统、排水系统、农作物等共同构成,是一个具有很强社会性质的开放式生态系统,是农村环境的重要组成部分。建设美丽江苏,加快农村水生态环境建设,就要求我们在重视生态、重视环境上下功夫,在满足灌区基本功能的基础上,以保水、亲水、活水为目标,兼顾生态涵养、控污减排和灌区景观,充分考虑灌区水利设施与村庄环境和谐共生。因此,突出生态文明建设,加快灌区生态化改造,是农村走生态化发展路径,实现环境优美、生态宜居目标的根本要求。

五是灌区良性运行的需求。实施灌区节水改造是解决灌排工程长效运行问题的必要条件。灌区管理设施不完备,缺少自动化、信息化等现代管理手段;管理队伍不稳,技术力量有待加强,部分灌区没有专门的管理机构,由水利站代为管理,管理人员不足,管理手段落后,灌区"两费"测算和落实需要进一步完善,运行管理经费仍存在缺口,虽然各灌区在推行农业水价综合改革及小型水利工程管理体制改革方面发展取得一定成效,但是农田水利重建轻管的局面尚未得到彻底扭转,一定程度上影响了灌区灌排效益的发挥。从提高灌区灌排保证率、工程安全与建设标准、水资源利用效率等方面看,迫切需要对灌区工程设施体系进行续建配套与节水改造,保障灌区长效良性发展。

2.2 可行性

一是技术上可行。灌区续建配套与节水改造工程内容主要是对渠首工程、渠系配套建筑物进行更新改造,完善渠系配套率和完好率;对灌区内渠道进行清淤疏浚和岸坡整治,提高灌区灌溉标准;对灌区内排水河道和配套建筑进行更新改造,清淤疏浚排涝河、沟,提高灌区排涝标准。这些工程措施的实施在现有的科技水平下都是可行的。

二是组织上可行。本次续建配套与节水改造工程项目实施后,可以使灌区骨干工程的灌溉排水条件得到改善,满足农田灌溉用水的需要,提高灌排建筑物的配套率;提高农民的收入,使农民得到切实的益处,提高农民种田的积极性,具有节水、节能、增产、节地、省工等巨大工程效益。因此续建配套与节水改造工程具有较好的群众基础,组织可行。

三是经济上可行。各灌区通过国民经济评价,计算项目的经济内部收益率、经济净现值和经济效益费用比,结果表明项目的实施在经济上是可行的。资金筹措方面，充分发挥政府对灌区建设投资的主渠道作用，采取灵活多样的形式推动项目实施。省市县各级政府全面落实政府可用财力、水利建设资金等各项用于灌区建设的投入政策，逐步增加各级政府预算内用于灌区建设资金，建立长期稳定的政府投入机制，出台有关政策引导灌区工程建设社会化投入机制，充分发挥市场作用，多渠道筹集建设资金，确保建设目标实现。各灌区所在县（市、区）财政承诺，在积极争取上级资金的基础上，县级财政按要求足额配套到位，确保灌区顺利实施，充分发挥效益。

3
总体规划

3.1 指导思想

坚持以习近平新时代中国特色社会主义思想为指导，全面贯彻党的十九大和十九届二中、三中、四中、五中全会精神，深入贯彻落实习近平总书记视察江苏重要指示，牢固树立生态优先绿色发展理念，科学把握乡村振兴战略总要求，加快中型灌区续建配套与节水改造，提高灌区基础设施保障能力，加快推进灌区信息化建设，推动供水服务管理体系建设，创新灌区管理体制机制，科学调配灌溉用水，全面打造"节水高效，设施完善，管理科学，生态良好"的现代灌区，努力把灌区建设成为国家粮食安全的保障区、农民生产生活的幸福区、农村经济发展的核心区，实现"水美乡村助振兴，现代灌区惠民生"的美好愿景，为建设美丽江苏、率先实现社会主义现代化走在前列奠定了坚实基础。

3.2 基本原则

以人为本、服务民生。加快补齐中型灌区老化失修严重的短板，适应各地农业产业布局和发展实际，提升灌区供排水服务水平，提高和稳定粮食生产能力，保障民生。

节水优先，高效利用。通过灌区工程节水改造和管理改革提升灌区管理单位节水意识和节水水平，通过技术示范、节水宣传、节奖超罚、水权转让等逐步提升用水户节水意识。

人水和谐，绿色发展。坚持以水定地、量水而行，强化需水管理，合理配置灌区水资源，维护水系健康，加强灌区取水许可和监测预警管理，实现水资源可持续利用。

统筹兼顾，系统治理。坚持灌区整体性改造与实施高标准农田、水美乡村、生态灌区的协同建设，统筹协调解决农业生产条件改善、水旱灾害防御、水生态恢复等问题。

先建机制，后建工程。以实现中型灌区骨干工程专管机构良性运行作为目标，推进农业水价综合改革，明确管理机构和人员，落实"两费"，推进管养分离和供水服务专业化。

统一规划，分步实施。科学分析灌区发展需求，提出灌区续建配套与节水改造的总体目标、布局、任务，根据各地实际，因地制宜地提出各地建设方案。

3.3 规划依据

3.3.1 相关规划

《乡村振兴战略规划(2018—2022年)》

《国家节水行动方案》

《全国现代灌溉发展规划》

《全国水资源综合规划》

《江苏省乡村振兴战略实施规划(2018—2022年)》

《江苏省国家节水行动实施方案》

《江苏省灌溉发展总体规划》

《江苏省水资源综合规划》

《江苏省高标准农田建设规划(2019—2022年)》

《江苏省乡村振兴战略农村水利发展规划(2018—2022年)》

《江苏省区域水利治理规划》

《江苏省水利基础设施空间布局规划》

3.3.2 规范标准

《灌溉与排水工程设计标准》(GB 50288—2018)

《灌区改造技术标准》(GB/T 50599—2020)

《农田灌溉水质标准》(GB 5084—2021)

《灌区规划规范》(GB/T 50509—2009)

《节水灌溉工程技术标准》(GB/T 50363—2018)

《渠道防渗衬砌工程技术标准》(GB/T 50600—2020)

《管道输水灌溉工程技术规范》(GB/T 20203—2017)

《江苏省农村水利现代化建设标准(试行)》

《江苏省农村生态河道建设标准》

3.4 规划目标

3.4.1 总体目标

对照现代灌区建管要求,全面打造"节水高效、设施完善、管理科学、生态良好"的现代灌区。综合考虑灌区水源工程、输水工程、排水工程、建筑物工程、田间工程、配套设施以及信息化系统建设,用先进技术、先进工艺、先进设备打造灌区工程设施,建立配套完善的灌排工程体系;实施灌区标准化、规范化管理,充分运用现代化管理手段,创新管理体制机制,按照"面上工程信息化、骨干工程自动化、灌溉调度科学化"的原则,建设科学高效的现代管理体系;统筹山水林田湖草系统治理,维持灌区自然生态功能,以水生态环境修复保护、水文化挖掘与传承、河湖渠沟水系连通、水土保持为重点,构建人水和谐的生态文明体系。

节水高效:灌区水资源配置合理,农业种植结构合理,田间灌溉推广普及节水灌溉技术,节水制度、机制完善,提升灌区供水服务效率和水平。灌区渠系水利用系数达到 0.65 以上,灌溉水有效利用系数达到 0.61 以上。

设施完善:工程布局合理、灌排功能完备;灌溉水源、输配水工程、排水工程、田间工程设施以及管理设施、配套设施齐全、完好、安全、耐久。骨干工程设施配套率、完好率达到 90% 以上。

管理科学:形成现代管理制度和良性管理机制,实施"总量控制、定额管理",管理手段先进,管理科学高效,水价与水费计收制度合理并公开透明,工程维护与运行管理经费有保障。实现灌区管理规范化、制度化、标准化、科学化;巩固灌区水利工程管理体制改革成果,加强管理队伍建设。

生态良好:以提高农业生产和人居环境质量为导向,使灌排设施与自然环境相协调,发挥灌区改善乡村生活质量、调节气候、维持生物多样性、提供景观服务等多重服务功能。保证无地下水严重超采,基本无重度次生盐碱化和水土流失等。

3.4.2 具体目标

围绕"提升供水能力、确保骨干供排水渠(沟)系畅通、有效控制地下水位"的要求,对 1 万～5 万亩的一般中型灌区进行节水配套与达标改造;对 5 万～30 万亩的重点中型灌区全面推进灌区提档升级建设,建设配套齐全的骨干灌排工程体系,推广应用先进的灌区供水技术,逐步建成良性供水服务体系,实现灌区用水调度与监管设施提档升级,推动节水灌区、生态灌区建设,传承灌区水文化。

规划实施后,除个别灌区外,灌区灌溉保证率达到 85%,灌溉水有效利用系数达到 0.61;排涝标准达到 10 年一遇,雨后 1 d 排出;骨干工程配套率、完好率 90%以上;"两费"落实率 100%;水费实收率 100%。

中型灌区续建配套与节水改造指标体系见表 3-1。

表 3-1　中型灌区续建配套与节水改造规划指标表

序号	指标	目标值	备注
1	用水指标(亿 m³)	约束值	不超过取水许可量
2	灌溉设计保证率(%)	85	约束值
3	耕地灌溉率(%)	恢复设计灌溉面积	约束值
4	设计灌溉面积(万亩)	—	约束值
5	灌溉水有效利用系数	0.61	约束值
6	节水灌溉面积占比(%)	80	占耕地灌溉面积比率
7	骨干工程配套率(%)	90	
8	骨干工程完好率(%)	90	
9	灌溉用水斗口计量率(%)	100	
10	"两费"落实率(%)	100	

3.5　主要任务

在生态文明建设和乡村振兴战略框架下,转变思路,精准发力,以"因地制宜、分类指导、科技示范"为引领,开展中型灌区续建配套与节水改造,重点建立配套完善的骨干灌排工程体系、规范高效的管理服务体系、先进实用的智慧水管理体系、人水和谐的水生态保护体系,努力打造现代化样板灌区。

"十四五"规划实施续建配套与节水改造的 75 处灌区基本情况见表 3-2。

3 总体规划

表3-2 "十四五"规划改造中型灌区基本信息表
单位：万亩

灌区类型		灌区名称	设计灌溉面积	有效灌溉面积	水源类型	所在地市	受益县区
类型	序号						
"十四五"合计			845.72	741.5			
一般中型灌区	1	下坝灌区	2.56	2.38	泵站	南京	江宁区
	2	三合圩灌区	2.28	2.28	堰闸	南京	浦口区
	3	石桥灌区	1.41	1.27	泵站	南京	浦口区
	4	草场圩灌区	1.02	1.02	堰闸	南京	浦口区
	5	龙袍圩灌区	4.19	4.10	堰闸	南京	六合区
	6	新集灌区	2.35	1.80	堰闸	南京	六合区
	7	合沟灌区	4.20	4.00	堰闸	徐州	新沂市
	8	运南灌区	3.00	3.00	泵站	徐州	贾汪区
	9	昌黎水库灌区	4.00	3.88	水库	连云港	东海县
	10	羽山水库灌区	2.00	1.20	水库	连云港	东海县
	11	贺庄水库灌区	2.00	1.00	水库	连云港	东海县
	12	横沟水库灌区	4.00	2.00	水库	连云港	东海县
	13	涟西灌区	4.65	4.49	堰闸	连云港	灌南县
	14	八条路水库灌区	2.90	2.20	水库	连云港	赣榆区
	15	王集水库灌区	1.50	1.50	水库	连云港	赣榆区
	16	红领巾水库灌区	2.21	1.20	水库	连云港	赣榆区
	17	洪湖圩灌区	2.20	2.20	堰闸	淮安	金湖县
	18	花元灌区	2.54	2.23	泵站	盐城	射阳县
	19	跃中灌区	2.90	2.65	泵站	盐城	射阳县
	20	王开灌区	1.63	1.46	泵站	盐城	射阳县
	21	沿湖灌区	4.80	4.00	泵站	扬州	邗江区
	22	朱桥灌区	3.54	3.46	泵站	扬州	仪征市
	23	刘集红光灌区	3.66	3.43	泵站	扬州	仪征市
	24	秦桥灌区	1.83	1.71	泵站	扬州	仪征市
	25	后马灌区	1.10	0.80	泵站	镇江	丹徒区
	26	曹庙灌区	2.60	1.40	泵站	宿迁	泗洪县
	27	红旗灌区	2.00	1.20	水库泵站	宿迁	泗洪县
		小计	73.07	61.86			

续表

灌区类型		灌区名称	设计灌溉面积	有效灌溉面积	水源类型	所在地市	受益县区
类型	序号						
重点中型灌区	28	汤水河灌区	17.12	14.68	泵站	南京	江宁区
	29	湫湖灌区	8.91	8.91	泵站	南京	溧水区
	30	石臼湖灌区	9.00	9.00	堰闸	南京	溧水区
	31	金牛湖灌区	14.36	12.74	水库泵站	南京	六合区
	32	苗城灌区	17.20	12.10	水库	徐州	丰县
	33	大沙河灌区	24.70	21.74	水库	徐州	丰县
	34	郑集南支河灌区	23.60	20.77	泵站	徐州	丰县
	35	上级湖灌区	11.78	10.22	堰闸	徐州	沛县
	36	五段灌区	7.80	6.50	泵站	徐州	沛县
	37	房亭河灌区	11.10	7.20	泵站堰闸	徐州	铜山区
	38	大运河灌区	11.48	9.40	泵站	徐州	铜山区
	39	高集灌区	15.00	10.40	泵站	徐州	睢宁县
	40	沙集灌区	29.90	22.40	泵站	徐州	睢宁县
	41	银杏湖灌区	14.20	12.00	堰闸	徐州	邳州市
	42	民便河灌区	8.60	8.60	泵站堰闸	徐州	邳州市
	43	棋新灌区	16.46	14.80	堰闸	徐州	新沂市
	44	不牢河灌区	19.00	14.50	河湖泵站	徐州	贾汪区
	45	焦港灌区	22.50	22.36	堰闸	南通	如皋市
	46	红星灌区	8.20	8.03	泵站	南通	海安市
	47	如环灌区	8.10	7.20	堰闸	南通	如东县
	48	新通扬灌区	29.89	28.00	泵站	南通	海安市
	49	叮当河灌区	20.60	16.81	泵站	连云港	灌云县
	50	界北灌区	20.00	19.18	泵站	连云港	灌云县
	51	淮涟灌区	10.37	10.25	堰闸	连云港	灌南县
	52	沂南灌区	8.38	8.15	堰闸	连云港	灌南县
	53	运西灌区	21.70	19.50	堰闸	淮安	淮安区
	54	利农河灌区	9.61	8.73	堰闸	淮安	金湖县

续表

灌区类型		灌区名称	设计灌溉面积	有效灌溉面积	水源类型	所在地市	受益县区
类型	序号						
重点中型灌区	55	三墩灌区	6.50	5.50	泵站	淮安	盱眙县
	56	临湖灌区	20.00	16.86	泵站	淮安	淮阴区
	57	黄响河灌区	18.64	16.04	泵站	盐城	响水县
	58	双南干渠灌区	21.30	18.00	堰闸	盐城	响水县
	59	陈涛灌区	22.00	18.80	泵站	盐城	滨海县
	60	川南灌区	15.60	8.32	泵站	盐城	大丰区
	61	东南灌区	10.96	10.42	堰闸	盐城	盐都区
	62	龙冈灌区	6.94	6.60	泵站	盐城	盐都区
	63	泾河灌区	10.04	9.54	堰闸	扬州	宝应县
	64	宝射河灌区	28.64	26.62	泵站	扬州	宝应县
	65	三垛灌区	11.89	11.46	泵站	扬州	高邮市
	66	红旗河灌区	18.18	18.18	泵站	扬州	江都区
	67	三阳河灌区	11.80	11.80	泵站	扬州	江都区
	68	沿江灌区	9.56	8.50	泵站	扬州	广陵区
	69	孤山灌区	8.97	8.97	泵站	泰州	靖江市
	70	黄桥灌区	24.00	21.80	河湖泵站	泰州	泰兴市
	71	高港灌区	9.80	8.46	堰闸	泰州	高港区
	72	周山河灌区	29.87	29.45	泵站	泰州	姜堰区
	73	皂河灌区	22.80	21.00	泵站	宿迁	宿城区
	74	淮西灌区	24.10	24.10	堰闸	宿迁	沭阳县
	75	新华灌区	21.50	15.05	泵站	宿迁	泗阳县
		小计	772.65	679.64			

3.5.1 工程体系

按照江苏省经济社会高质量发展的要求，以提高农业综合生产能力为核心，以保障粮食安全、改善农业生产条件和生态环境为目标，对照现代灌区建设要求，综合考虑灌区水源工程、输水工程、排水工程、建筑物工程、田间工程、配套设施以及信息化系统,进行集中连片建设,构建"河、渠、路、林、村、闸、站、桥、涵、田"统筹规划,"洪、涝、旱、渍、咸"综合治理,大、中、小工程合理配套,"挡、排、引、蓄、控"功能齐全的中型灌区工程体系。不同区域中型灌区实施分区治理,明确不同分区发展重点。

3.5.2 管理体系

充分运用现代科技引领灌区发展,用现代管理手段与制度、良性管理机制强化灌区管理,实施灌区标准化管理,按照"面上工程信息化、骨干工程自动化、灌溉调度科学化"的原则,建设科学高效的现代管理体系。

建立完善专管与群管相结合的管理体系,不断规范和提升现代灌区管理服务水平。足额落实灌区"两费",满足灌区运行管理和工程维修养护需求;加强灌区队伍建设,组建高效敬业的管理队伍,配备合理的年龄结构、专业结构,定期开展技术培训,不断提升灌区管理人员的管理水平和技术人员的专业技能;健全灌区管理制度,建立与管理目标任务相适应的人事制度,严格考评制度;构建灌溉优化的供配水制度与工程科学调度的运行管理体系,实施用水总量控制和定额管理,实施精准灌溉、精准计量、精细管理。

凝心聚力,克难攻坚,高质量完成农业水价综合改革任务。认真贯彻落实国务院关于农业水价综合改革的决策部署和水利部有关要求,坚持目标导向、问题导向、结果导向,强化责任担当,细化目标任务,积极主动作为,夯实工作举措,聚焦重点、突破难点、打造亮点,统筹推进农业水价综合改革工作,在 2020 年全面完成农业水价综合改革任务的基础上,进一步巩固改革成果。

以灌区需求为导向,把信息技术贯穿于灌区现代化建设和管理的全过程,包括水量调度、水环境监测、工程管护、智能灌溉、水费征收等灌区管理业务。加大灌区建筑物自动化控制技术、灌区信息传输技术和灌区综合决策支持调度系统研究,建立计算机网络系统,为各类信息采集、数据库应用、用水优化调度、运行监控管理等应用提供服务平台,逐渐完善灌区管理信息体系。

3.5.3 生态体系

统筹山水林田湖草系统治理,维持灌区自然生态功能,以水生态环境修复保护、水文化挖掘与传承、河湖渠沟水系连通、水土保持为重点,构建人水和谐的生态文明体系。

合理规划灌区沟渠、河道、库塘、建筑物相对位置，构建适用于不同条件的生态河床和生态护坡。注重水环境治理，大力推进生态河道建设，推广应用新材料、新技术，实现灌区整体水环境整洁优美。合理配置水资源，既要满足农业生产、农村生活，还要满足灌区生态需水要求，寻求水资源在农业生产、农村生活与生态需水之间的合理配置，保障水资源开发利用和生态环境保护同步开展，充分发挥水资源综合效益。

3.6 总体布局

3.6.1 分区布局

根据全省中型灌区分布，参照图 3-1 所示的江苏省水利分区（其中里下河区以通榆河—串场河为界划分为里下河腹部地区和沿海垦区 2 个分区），将全省分为 15 个分区进行分片规划、综合治理。15 个分区分别为：Ⅰ区—南四湖湖西区、Ⅱ区—骆马湖以上中运河两岸区、Ⅲ区—沂北区、Ⅳ区—沂南区、Ⅴ区—废黄河区、Ⅵ区—

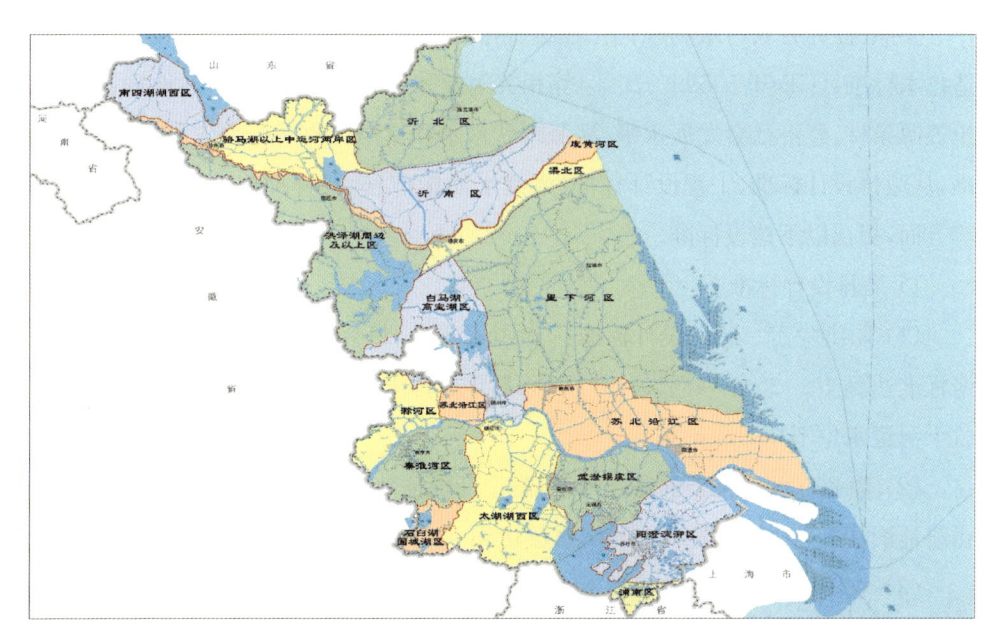

图 3-1 江苏省水利分区图

洪泽湖周边及以上区、Ⅶ区——渠北区、Ⅷ区——白马湖高宝湖区、Ⅸ区——里下河腹部地区、Ⅹ区——沿海垦区、Ⅺ区——苏北沿江区、Ⅻ区——滁河区、ⅩⅢ区——秦淮河区、ⅩⅣ区——石臼湖固城湖区、ⅩⅤ区——太湖湖西区。

结合15个分区的自然地理、水文气象、水资源状况及种植结构等特点,依据《江苏省农业节水规划》《江苏省灌溉发展总体规划》,将15个分区合并为南水北调供水区、里下河腹部地区、沿海垦区、沿江高沙土区、宁镇扬山丘区5个分区。其中Ⅰ区、Ⅱ区、Ⅲ区、Ⅳ区、Ⅵ区、Ⅶ区、Ⅷ区合并为南水北调供水区,Ⅸ区为里下河腹部地区,Ⅹ区为沿海垦区,Ⅺ区为沿江高沙土区(Ⅴ区废黄河区参照Ⅵ区),Ⅻ区、ⅩⅢ区、ⅩⅣ区、ⅩⅤ区合并为宁镇扬山丘区。

以南水北调供水区"基础设施提档升级,灌排标准全面提升",里下河腹部地区"洪涝旱渍统筹兼顾,灌排沟渠生态良好",沿海垦区"灌排分开分级控制,洪涝旱碱综合治理",沿江高沙土区"节水技术大力推广,水土流失有效防治",宁镇扬山丘区"灌溉水源蓄引提调,种植结构因地制宜"为规划方向,努力实现"节水高效、设施完善、管理科学、生态良好"的现代灌区。

3.6.2 建设标准

参照《江苏省农村水利现代化建设标准》《灌溉与排水工程设计标准》《灌区改造技术标准》(GB/T 50599—2020)等相关规定和要求,结合全省自然地理条件、水土资源条件、经济社会发展水平、灌溉现状水平和旱涝保收高标准农田建设指标标准,从灌排设计标准、工程设计标准、灌溉水质标准、运行管理标准、生态建设标准等方面,提出以下建设标准。

1) 灌排设计标准

(1) 防洪除涝。防洪设计标准达到国家规范,圩区确保最大洪水不出险。除涝标准达到10~20年一遇设计暴雨,雨后1 d排出。遭遇20年一遇降雨时,镇区骨干河道水位不超过控制水位。

(2) 灌溉节水。除个别灌区外,灌溉设计保证率达到85%以上;节水灌溉面积占耕地面积80%以上;灌溉水利用系数达到0.61以上。

(3) 农田降渍。控制农田地下水位在雨后2~3 d内降至田面以下0.80 m,盐碱土地区1.2 m。

(4) 工程配套。灌排降工程布局合理;中沟级以上建筑物配套率100%,小沟级90%以上。

2）工程设计标准

渠道和渠系建筑物防洪标准参照《灌溉与排水工程设计标准》(GB 50288—2018)、《水利水电工程等级划分及洪水标准》(SL 252—2017)、《防洪标准》(GB 50201—2014)、《治涝标准》(SL 723—2016)、《渠道防渗衬砌工程技术标准》(GB/T 50600—2020)、《管道输水灌溉工程技术规范》(GB/T 20203—2017)、《泵站设计规范》(GB 50265—2010)、《水闸设计规范》(SL 265—2016)、《堤防工程设计规范》(GB 50286—2013)；结构安全（稳定、应力及变形）标准参照《混凝土结构设计规范》(GB 50010—2010)；生态河道设计标准参照《江苏省农村生态河道建设标准》；水土保持工程设计参照《水土保持工程设计规范》(GB 51018—2014)；耐久性标准参照《混凝土结构耐久性设计标准》(GB/T 50476—2019)；抗震（工程区地震动峰值加速度值及地震基本烈度）标准参照《中国地震动参数区划图》(GB 18306—2015)。

3）灌溉水质标准

灌溉水质标准符合现行《农田灌溉水质标准》(GB 5084—2021)的规定。

4）运行管理标准

明确管理机构，工程产权明晰，责任主体明确，长效管理措施及运行经费落实；按照水利部、财政部印发的《水利工程管理单位定岗标准》《水利工程维修养护定额标准》，核定并落实管理人员和灌区"两费"，管理能力和水平适应农村水利发展需要。

3.6.3 分区治理

根据江苏省自然地理、水资源分布、作物种植结构等特征，结合全省中型灌区所属分区的特点，各分区紧密围绕提高灌区灌排设计标准和解决丘陵山区、沿海垦区资源性缺水问题为重点开展工作。

1）南水北调供水区

基础设施提档升级，灌排标准全面提升。直接供水区水源以京杭大运河及沿线调蓄湖泊为主，应注重对长江、洪泽湖、骆马湖水资源统一调度、优化配置；补给供水区以拦蓄地方径流，利用回归水、地下水或其他外来水源为主，用水不足部分以北调水源作为补充，应注重地表水、地下水的联合运用；沿线补水供水区的库塘区(主要分布在淮北山丘区),应注重雨水利用,建设与完善蓄、引、提"长藤结瓜"灌溉系统,可发展高效节水灌溉工程,以缓解灌溉水源不足问题。

2) 里下河腹部地区

洪涝旱渍统筹兼顾,灌排沟渠生态良好。以配套完善圩口闸、排涝闸,圩堤达标建设,提高排涝动力、配套排涝泵站,疏浚圩内沟渠为重点。一般年份当地水资源可满足灌溉要求,但干旱年份水量仍然紧缺,农田灌溉得不到保证,里下河腹部地区土壤次生盐渍化,可重点将小型流动机泵灌区配套改造为固定机电灌区,提高灌溉设计保证率。骨干灌排沟渠结合里下河水系整治与圩区治理,以生态恢复为主,建设生态节水型农业。

3) 沿海垦区

灌排分开分级控制,洪涝旱碱综合治理。沿海垦区干旱年份水量紧缺,应加强农、林、牧业结构和作物种植结构调整,严格控制地下水开采,坚持洪涝旱碱兼治,开挖深沟深河,形成网络,平底河道,分级控制,实行梯级河网化;合理控制沿海挡潮闸,平时关闸蓄淡,涝时开闸排水,提高灌溉水源保证率。同时,开展骨干灌排渠系整治与建筑物配套建设,发展低压管道输水灌溉工程和其他各类适用的田间节水工程措施。

4) 沿江高沙土区

节水技术大力推广,水土流失有效防治。结合灌区内部河道整治工程,实行河道疏浚与高标准农田建设、土地复垦、小型机电灌区改造相结合,全面推广管道灌溉技术。同时,对高沙土区水土流失相对严重的河段,采用生物措施与工程措施相结合的治理方法进行水土保持建设,在护坡堤岸进行综合整治的基础上,建立乔、灌、草立体配置,网、带、片有机结合的高效生态防护体系。针对该区沟、河、站、涵淤积严重等特点,积极推广泵站进水池防淤、沟河排水防冲、坡面护岸等平原高沙土区水土流失综合防治技术。

5) 宁镇扬山丘区

灌溉水源蓄引提调,种植结构因地制宜。以保护水土资源、改善生态环境、促进农业产业结构调整、推动山丘区经济发展、提高农民生活质量为目标,以水源工程建设为重点。坚持"建塘筑库,以蓄为主,以提补蓄,库塘相连,长藤结瓜,蓄、引、提、调相结合"的原则,以小流域为单元,发展"长藤结瓜"灌溉系统,库塘河湖联合调配,加强蓄水、补水工程配套建设,加大地表径流拦蓄;大力整治库塘、大口井及骨干翻水线,修建机电泵站,提高灌溉保证率;调整种植结构,三级以上提水灌区应降低高耗水作物种植比,因地制宜种植粮、经、林、果、草,积极发展适应于山丘区复杂地形的高效节水灌溉工程,全面提高山丘区特种经济作物产量、品质,促进农业增产、农民增收。

3.6.4 分区典型

为说明各分区的不同特点,分别选取南水北调供水区的金湖县利农河灌区、里下河腹部地区的扬州市宝应县泾河灌区、沿海垦区的盐城市响水县双南干渠灌区、沿江高沙土区的泰州市姜堰区周山河灌区、宁镇扬山丘区的南京市溧水区湫湖灌区为例进行典型说明。

1) 南水北调供水区:金湖县利农河灌区

(1) 基本情况

利农河灌区位于金湖县南部,东至淮河入江水道,西与戴楼镇和安徽省界接壤,南临高邮湖,北至淮河入江水道、新建灌排分干渠与九里公路,涉及黎城、金南2个乡镇23个行政村,总面积150.8 km²,耕地面积9.92万亩,设计灌溉面积9.61万亩,有效灌溉面积8.73万亩,实有灌溉面积8.73万亩。灌区管理单位为金湖县城区河道管理所、河湖管理所、黎城街道水利服务站和金南镇水利服务站。灌区农作物播种面积18.05万亩,灌区以种植水稻和小麦为主,经济作物主要有大豆、油菜等,耕作制度为稻麦两熟。粮食作物结构占比90%,经济作物结构占比10%,综合复种指数1.82。

灌区实行分级管理体制,其中:金湖县城区河道管理所负责金湖县城区骨干灌排渠系和建筑物的管理;金湖县河湖管理所负责入江河道沿线排涝闸的管理;黎城街道和金南镇水利服务站主要负责管理范围内干、支渠(沟)及骨干建筑物的运行管理、用水管理和水费征收等工作;斗渠(沟)及其以下配套建筑物由镇(街道)、村负责管理。管理单位均属纯公益性质,管理人员13人。

渠首水源:利农河灌区的水源为淮河入江水道,引水工程为农抗河闸站,位于入江水道南堤K31+100处,于2015年12月建成。引水闸设计流量30 m³/s。闸上设计灌溉水位7.80 m,闸下7.50 m。闸室为开敞式结构,单孔净宽8.0 m,共1孔。泵站设计排涝流量15.0 m³/s,设计开机水位为8.5 m,最低水位为7.0 m,最高水位为9.0 m。泵站采用堤身式湿室型结构型式,水泵选用4台QZ1 200-100

潜水轴流泵(叶片角度为+2°,水泵转速为490 rpm),配315 kW电机4台套。目前,农抗河闸站工程运行良好。利农河以西为缓丘陵地区,部分农田灌溉水源为田块附近的塘坝。

灌排体系:利农河贯穿该灌区,是灌区主要灌溉渠道,也是主要的排涝河道。以利农河为界,该灌区分为东西两片,西片为丘陵高岗地区,地势起伏大,农田灌溉主要通过固定泵站从中沟进行提水灌溉,局部高岗还需进行二级提水灌溉;排涝时,涝水基本汇向利农河,通过利农河尾闸排向高邮湖,局部低洼地区利用排涝站抽排。东片地势平缓,中沟及以上灌排结合,河网密布,水系纵横交错,相互连通,中沟以下灌排体系基本形成,基本能做到灌排分开,灌溉主要通过泵站从河道提水灌溉,排涝则通过排涝泵站将涝水排向利东河、入江水道内,当入江水道未行洪、外河水位较低时,也可以通过入江水道沿线涵闸自排。

灌区内已建骨干渠道灌排结合渠道,共50条,总长163.52 km,其中灌排结合渠道48条,长157.42 km;灌溉渠道1条,长4.1 km;排涝河道1条,长2 km。渠道衬砌长度9.2 km,衬砌率5.63%,完好长度114.11 km,完好率69.78%。骨干渠系建筑物共计90座,其中灌溉建筑物41座(含灌排结合4座),排涝建筑物49座,完好建筑物75座。已建成高标准农田5.0万亩,高效节水灌溉0.45万亩。现状骨干工程配套率90%、完好率83%,灌溉保证率85%,灌溉水利用系数0.60,排涝标准5~10年一遇。

(2) 存在问题

骨干灌排渠道水土流失、河道淤积、流通性较差,降低了渠道的输排水能力;骨干建筑物存在老化失修严重现象,提水效率低,急需拆除重建;灌区生态环境较差,部分区域存在农业面源污染现象,化肥和农药通过径流流入河道内,加之集镇附近生活污水的随意排放,进一步加剧了河道污染;灌区管理人员配备不足;灌区管理手段相对落后,信息化、自动化缺失,管理配套设施不足,不能适应新时期管理运行需求。

(3) 目标任务

实施金湖县利农河灌区续建配套与节水改造工程,通过对渠首工程、输配水工程、骨干排水工程、渠(沟)系建筑物及配套设施、用水量测、管理设施及灌区信息化的建设,加快补齐中型灌区工程完好率低、设施不配套等短板,提高供水效率和效益,促进灌区管理水平不断提高,实现利农河灌区"节水高效、设施完善、管理科学、生态良好"的总目标。通过科学布局工程体系、管理体系、生态体系建设,使利农河灌区灌溉保证率达到85%以上,骨干灌排设施配套率、完好率达到90%以上,灌溉水有效利用系数达到0.63,排涝标准达到10年一遇,农业水价综合改革全面实施,实现灌区正常运行、效益正常发挥的目标。

(4) 建设内容

整治骨干灌排渠道25条,长50.91 km,其中建设生态护岸20.95 km;新、拆建及维修加固泵站33座,其中新建4座、拆建25座、维修加固4座;拆建涵闸7座;灌溉水利用系数测算1项;管理设施1项(包括管理房1座和管理道路4处,总长5.9 km);信息化建设1项。

(5) 投资估算

估算总投资9 600万元,计划工程在2021年、2022年2个年度内实施完成。工期计划从2020年11月底开工,至2022年4月底前完成,2022年6月完成竣工验收。

2) 里下河腹部地区:扬州市宝应县泾河灌区

(1) 灌区基本情况

泾河灌区始建于1957年,位于扬州市宝应县,地处淮河下游,里下河腹部西侧,西起里运河,东至安丰河,与圩区毗连;北起小涵干渠,与淮安渠南灌区相邻,南至南溪河,与宝应临城灌区相接。灌区涉及3个乡镇60个行政村,总人口8.55万人,灌区总面积136.28 km²,耕地面积10.04万亩,设计灌溉面积10.04万亩,有效灌溉面积9.54万亩,实际灌溉面积9.54万亩,主要种植水稻、小麦。泾河灌区由专门管理机构泾河灌区管理所进行管理,该管理机构成立于1970年,隶属于宝应县水务局,为纯公益性质单位。

灌区地势西北高,东南低,由西向东自然倾斜,高程一般在2.5~4.5 m之间,最高6.3 m,最低1.8 m。因地形差异灌区又分为两大类:一类为纯自灌区,地面高程在2.5~4.5 m,局部高地高达6.3 m。另一类为自灌圩区,地面高程在2.5 m左右,由于地处纯自灌区与圩区之间,因地势较低,为防外水侵入,自1991年大水后分别建立圩埂。

水源工程:灌区通过2座沿运渠首,引大运河水入沿运灌溉总渠,总设计引水流量22 m³/s,现状运行良好。

灌排体系:灌区现有灌溉总干渠1条3.2 km,干渠6条62.9 km,支渠153条

141.9 km,斗渠 536 条 264 km。现有自运河引水建筑物 2 座,节制闸等干渠建筑物 16 座,支渠首 153 座,支渠上地涵、隧洞 294 座,斗渠首 536 座。县属补水站 3 座,设计提水流量 6.45 m³/s。

灌区现状灌溉保证率为 75%,骨干工程配套率 100%,完好率 70%,排涝标准为 10 年一遇,已建成高标准农田面积 8.03 万亩,高效节水灌溉面积 0.5 万亩。专管、群管分界面以上分水口数量 640 座,其中有量水设施的分水口 30 座。

(2) 存在问题

沟渠淤积,导致引水不畅,急需疏浚;渠系配套完好率低,部分破损现象严重,急需改造;灌区末端及局部高地灌水困难,难以实现自流灌溉。

(3) 目标任务

根据灌区水源、农业生产、地形地貌和种植结构等,对照现代灌区建管要求,综合考虑灌区水源工程、输水工程、排水工程、建筑物工程、田间工程、配套设施以及信息化系统建设,提出灌区发展策略。本次工程以配齐骨干灌排建筑物工程,提高渠道护砌率,提高灌溉水利用效率为重点,在此基础上,安排工程措施,具体对 1 条总渠、3 条干渠、5 条支渠进行护砌;对上述 9 条渠道沿线骨干灌排建筑物进行改造。为了方便用水管理,提高供水服务水平,加强对干渠的维护管理,明确和界定干渠管理范围,工程增设干、支渠固定量水设施 26 套,干渠防护栏 10.12 km。

通过对灌区灌排总体布局的完善,灌区灌溉水利用系数将达到 0.65,灌区灌溉保证率达到 90%,排涝标准达到 10 年一遇,骨干渠道完好率提高到 90%,骨干渠系建筑物配套率提高到 100%、完好率提高到 90%,完善用水量测设施及管理设施,满足灌区管理安全运行要求。

(4) 建设内容

输配水工程:完成总渠疏浚整治 1.31 km,干渠衬砌 25.34 km,支渠衬砌 7.19 km;渠(沟)建筑物与渠系配套设施:拆建(改造)干渠首 3 座,拆建支渠首 24 座、斗渠首 53 座;新、拆建(改造)涵闸 16 座;拆建(改造)退水洞 5 座;拆建倒虹吸 1 座;拆建(改造)生产桥 35 座;用水量测及管理设施:新建固定量水设施 26 套等。

(5) 投资估算

估算总投资为 10 000 万元,其中建安工程费 8 673.65 万元;临时工程费 130.33 万元;独立费 719.82 万元;不可预见费 476.19 万元。

3) 沿海垦区:盐城市响水县双南干渠灌区

(1) 基本情况

双南干渠灌区位于江苏省盐城市响水县境内,北部紧临灌河,东南至陈港疏港公路,西至响坎河。灌区总面积 200 km²,设计灌溉面积 21.30 万亩,现状有效灌溉面积约 18.0 万亩,实际灌溉面积 18.0 万亩。灌区涉及 5 个乡镇 53 个行政村。该灌区种植结构以粮食作物为主,该灌区是响水县的重要粮食种植基地。

灌溉水源主要为灌区东南侧的双南干渠,双南干渠水源经响坎河取自废黄河,水源通过双南干渠沿线分布进水闸进入灌区。灌区水源流向主要为由南向北,通过区内东西向排河串通水源,以满足灌溉泵站提水需要。

灌区现有骨干渠道 33 条 273.2 km。其中干渠 1 条 40 km,支渠 32 条 233.2 km。灌区内渠系建筑物 844 座,骨干建筑物配套率达 90%、完好率 63%。现状灌溉保证率 75%,灌溉水利用系数 0.60,排涝标准为 10 年一遇。近年来灌区内多次实施高标准农田及高效节水农田建设项目,截至 2020 年已建成高标准农田面积和高效节水灌溉面积约 0.58 万亩。

(2) 存在问题

灌区渠首控制建筑物老化,内部缺少控制建筑物,供水能力不足;灌区灌排水渠系存在部分淤积,供排水水平不足;部分排水建筑物老化损坏,排水能力不足;灌区管理技术落后,运行管理体制欠佳。

(3) 目标任务

加强灌区基础设施建设,提高灌区灌排工程能力,建立完备工程设施体系;深化管理改革,把握灌区为农业生产服务的底线,切实提高服务理念,形成现代灌区管理体系;在此基础上,按照生态文明建设目标要求,开展灌区水生态环境、水文化和景观等建设,打造灌区生态文明体系。

项目实施后,灌溉水有效利用系数达 0.65,灌溉保证率 85%,建筑物配套率 95%,沟渠完好率 95%,建筑物完好率 90%。改善灌溉面积 1.3 万亩,新增及改善排涝面积 4.3 万亩,年增节水能力 660 万 m³,年均增产粮食 296 万 kg。

(4) 建设内容

拆建 4 座渠首闸,疏浚沟渠 22.82 km,整治岸坡 81.91 km;新、拆建建筑物工程 34 座;信息化建设等。

(5) 估算

估算总投资 12 200 万元。其中灌排工程投资 11 647 万元,灌区信息化工程投资 493 万元;专项工程投资 60 万元。

4) 沿江高沙土区:泰州市姜堰区周山河灌区

(1) 基本情况

周山河灌区建于 2011 年,涉及 8 个乡镇,耕地面积 33.99 万亩,设计灌溉面积 29.0 万亩,有效灌溉面积 22.28 万亩。周山河灌区农业用水主要依靠过境水,灌区内设总干渠 1 条(周山河总干渠,周山河全长 38.6 km,周山河灌区范围内长度为 24.5 km),干渠 9 条 137.5 km;支渠 142 条 338.61 km。灌区水源从支渠通过泵站提水,经斗、农二级渠道输配水送入农田灌溉,区内现有斗、农渠 5 921 条 2 103 km,电灌站 1 237 座,装机容量 21 512 kW。目前全灌区现状骨干工程完好率 81%,配套率 96%;斗渠及以下渠道完好率 87%,排水沟完好率 75%,斗渠及以下渠系建筑物配套率 85%,完好率 84%,灌溉水利用系数 0.62。

(2) 存在问题

干支渠缺乏防护设施,水土流失严重;渠道淤积,过水断面减小,引水、排水能力消减;灌区管理信息化程度低。

(3) 目标任务

按照"民生水利、资源水利、生态水利、景观水利、智慧水利"理念,重点做好渠道岸坡生态修复、水土流失治理、灌区信息化建设。围绕精准灌溉,落实综合节水措施,实现农业增效、农民增收。围绕"盘活河网水系、注重生态修复、综合治理污染源",开展水生态环境保护,实现水系畅通,水系优美,营造人水和谐和健康优美的水生态环境,全面提升河网水系的水生态健康水平。

项目实施后,设计灌溉保证率达到 90%,灌溉水利用系数达到 0.63,排涝标准达到 20 年一遇,建筑物配套率达到 100%,完好率达到 90%。

(4) 建设内容

拟整治灌区干渠、支渠共 12 条 50.85 km,其中干渠 4 条 33.92 km,支渠 8 条 16.93 km;对岸坡水位变化区进行生态护砌(98.13 km),同时实施岸坡整治、岸坡绿化等措施;对灌区主要交通道路和骨干河道沿线的 600 座电灌站进行改造并配套安装带数据传输系统计量设施;灌区信息化改造等。

(5) 投资估算

估算总投资 29 000 万元,其中输水工程投资 24 238 万元,建筑物工程投资 3 441 元,信息化工程投资 1 261 万元,环保水保投资 60 万元。

5) 宁镇扬山丘区:南京市溧水区湫湖灌区

(1) 基本情况

湫湖灌区位于溧水区东中部区域,灌区东、南边界为白马镇边界,北侧至东屏街道南段边界,西北至永阳新城边界,西南边界为无想寺风景区边界。灌区土地总面积约为 200 km²(30 万亩),耕地面积为 13.84 万亩,有效灌溉面积为 8.91 万亩。灌区涉及白马镇、永阳街道 2 个街镇 20 个行政村,现状灌区主要作物有水稻、小麦以及其他经济作物,粮食作物与经济作物的种植比例约为61.25:38.75,复种指数为 1.80。

水源:除渠首湫湖泵站从石臼湖提水外,灌区内水库和塘坝也是湫湖灌区的重要水源,即"长藤结瓜"中的"瓜"。灌区内有中型水库 3 座、小(1)型水库 4 座、小(2)型水库 13 座,总集水面积为 101.37 km²,总库容为 6 368.50 m³;灌区共有塘坝 77 座,总集水面积为 22.44 km²,总库容为 350.63 m³。

渠首:湫湖提水站是溧水区引提石臼湖水源补给山丘区农业用水规模最大的一座抗旱站,设计流量 15 m³/s,进口水位 4.5 m,出口水位 40 m,设计净扬程 35.5 m,总扬程 40 m,泵站总装机容量 8 800 kW。

灌溉渠系:灌区输水渠道,即"长藤结瓜"中的"藤",由总干渠、中山水库补水干渠、东干渠以及灌区内水库灌溉渠道等组成。灌区内渠道总长度为 65.62 km,衬砌长度 34.95 km,衬砌率 53.26%,完好长度 51.70 km,完好率 78.79%。

排涝水系:灌区的排水系统布置格局基本成型,山丘区为自排区,沿河圩区为抽排区。灌区共有排水沟 10 余条,这些河道平均淤积深度达 1.0~1.5 m 以上,已严重影响了灌区行洪和水环境的改善,亟需进行整治。灌区排涝泵站主要集中在沿河圩区,现有骨干排涝泵站 14 座,完好率 85%。

骨干配套建筑物:湫湖灌区渠(沟)建筑物主要包括涵闸、滚水坝、机耕桥等。涵闸共 14 座,滚水坝共 68 座,机耕桥共 40 座,涵洞 230 座。现状骨干工程配套率 80%、完好率 80%。

(2) 存在问题

水源供给能力不足,灌溉水源紧张;翻水工程运行成本高,工程联合运行难度较大;工程设备老化,建筑物配套率、完好率仍需提高;节水灌溉工程仍显不足,灌溉水利用系数有待进一步提高;部分引水河道淤积严重,引水矛盾突出;管理机构不完善,管理设施尚显落后。

(3) 目标任务

湫湖灌区地处丘陵山丘,已基本形成"长藤结瓜"式灌溉系统。多年的实践证明,现有系统符合灌区灌排要求,基本满足农业生产需要。本项目针对湫湖灌区的现状和问题,立足现有工程,结合相关规划,对现有骨干工程进行续建,提高湫湖泵站提水水源的收益面积;整治灌区内塘坝,增加塘坝的蓄水能力,完善塘坝配套设施建设,提高塘坝的防洪能力、提高农田用水保证率、改善塘坝水环境;完善渠道及其配套建筑物改造,改善灌区供水条件,积极推广衬砌渠道等节水工程措施,着力加强灌溉管理,提高灌溉水利系数,提高灌区综合效益;整治灌区内排水河沟,提高沟道的排涝能力,提高水质,改善农村水环境;大力推进灌区信息化及现代化建设,提高灌区现代化管理水平。

项目实施后,骨干工程无安全隐患,灌溉保证率达到90%以上,骨干灌排设施配套率、完好率均达到90%以上,"两费"落实率达到100%,灌溉水利用系数达到0.68,灌区信息化覆盖率达到80%以上。

(4) 建设内容

渠首水源工程:新建官塘提水站,设计流量为 4 m³/s,石家边提水站,设计流量为 3 m³/s;新建涧屋旱塘灌溉站,设计流量为 0.39 m³/s;整治塘坝 4 座,总库容为 36.10 万 m³。输配水工程:隧洞加固,长 1.0 km;续建东干渠二级站—老鸦坝水库段,明渠长 3.50 km,暗涵 1.12 km,顶管 0.06 km,设计流量 3~4 m³/s;小官塘—涵子坝输水渠道改造,长度 275 m;涧屋旱塘灌溉渠道改造,长 2.29 km,设计流量为 0.6 mm³/s。排水工程:改造加固排水沟 3 条,总长为 7.22 km。渠(沟)系建筑物与渠系配套设施:新建分水闸 2 座,拆建分水闸 3 座,拆建机耕桥 10 座,新建机耕桥 1 座、跨渠人行桥 14 座,拆建滚水坝 2 座,拆建排水涵 15 座。

(5) 投资估算

估算工程总投资 8 900 万元。其中水源工程投资 3 428 万元,输水工程投资 2 429 万元,排水工程投资 2 178 万元,建筑物工程投资 595 万元,信息化工程投资 210 万元,环保水保投资 60 万元。

4 工程体系

按照江苏省高质量发展要求,以提高农业综合生产能力为核心,以保障粮食安全、改善农业生产条件和生态环境为目标,对照现代灌区建设要求,综合考虑灌区水源工程、输水工程、排水工程、建筑物工程、田间工程、配套设施以及信息化系统,进行集中连片建设,构建"沟、渠、路、林、村、闸、站、桥、涵、田"统筹规划,"洪、涝、旱、渍、咸"综合治理,大、中、小工程合理配套,"挡、排、引、蓄、控"功能齐全的工程体系。

注重河湖生态修复,加强河湖空间管控,合理划定河湖管理保护范围,衔接空间规划"三区三线"布局。骨干工程与江苏省水利基础设施空间布局规划、江苏省区域水利治理规划做好衔接。结合高标准农田建设、生态河道建设、生态清洁小流域建设、土地整理及规模化节水等多源整合,巩固农业水价综合改革成果,提升管理能力、信息化水平,重点突出水源工程、骨干渠系及配套建筑物建设,以提高灌溉保证率、灌溉水有效利用系数、排涝标准为目标,"十四五"主要建设内容:渠首改建94座、改造43座;渠道改造4 757.49 km;排水沟改造2 922.81 km;配套建筑物新建4 238座、改造4 981座,管理设施改造4 867处,安全设施改造7 746处,计量设施改造5 733处;实施灌区管理信息化改造66处。

4.1 渠首工程

在复核河(湖)水位、河(湖)岸地形、地质条件以及引水高程、引水流量基础上,合理确定渠首更新改造方案;对确需移址重建的渠首工程应进行充分论证。渠首闸坝工程改造主要根据工程老化程度、部位、原因制定相应改造措施,重点对一些引水建筑物采取加坝、加闸、除险加固、维修更新启闭设备等措施。部分地区实施渠首水源"长藤结瓜"的小型调蓄水源工程可以一并规划。

主要内容:渠首改建、维修及加固;泵站(总装机不超过5 000 kW)及配套输变电工程(不超过35 kV)新建、改造。规划对75处中型灌区渠首工程进行改造,其中改建94座、改造43座。2021—2022年灌排工程建设内容见表4-1,2023—2025年灌排工程建设内容见表4-2。

表 4-1　2021—2022 年中型灌区灌排工程需求统计表

灌区类型		灌区名称	改造需求							
			渠首工程（座）		灌溉渠道（km）		排水沟（km）		渠道建筑物（座）	
类型	序号		改建	改造	新建	改造	新建	改造	新建	改造
一般中型灌区	1	石桥灌区	0	2	0	2.8	0	1.8	3	1
	2	龙袍圩灌区	0	0	0	10.9	0	0.0	12	57
	3	新集灌区	1	0	0	1.2	0	8.8	29	1
	4	合沟灌区	1	0	0	11.7	0	0.0	8	9
	5	运南灌区	4	0	0	1.5	0	10.5	0	3
	6	昌黎水库灌区	3	0	0	15.5	0	2.0	222	42
	7	八条路水库灌区	0	0	0	9.2	0	14.4	37	11
	8	洪湖圩灌区	0	0	0	9.5	0	0	3	9
	9	跃中灌区	0	0	0	6.4	0	0	25	0
	10	王开灌区	0	0	0	8.3	0	0	8	16
	11	曹庙灌区	4	0	0	9.2	0	0.3	43	0
	12	红旗灌区	2	0	0	8.3	0	7.3	24	0
	小计		15	2	0.0	94.4	0.0	45.1	414	149
重点中型灌区	13	湫湖灌区	0	0	0	7.3	0	7.2	6	44
	14	苗城灌区	1	0	0	26.0	0	0.0	5	34
	15	大运河灌区	5	0	0	94.4	0	4.9	73	65
	16	高集灌区	0	1	0	29.1	0	56.8	18	12
	17	银杏湖灌区	0	0	0	110.5	0	0.0	21	25
	18	红星灌区	0	0	0	33.1	0	0.0	3	0
	19	沂南灌区	0	0	0	29.1	0	31.2	590	34
	20	利农河灌区	0	0	0	48.4	0	2.5	4	36
	21	双南干渠灌区	0	0	0	19.7	0	3.2	16	22
	22	龙冈灌区	2	0	0	4.5	0	0	0	9
	23	泾河灌区	0	0	0	33.8	0	0.0	0	137
	24	红旗河灌区	0	0	0	30.5	0	0.0	28	59
	25	孤山灌区	0	0	0	30.1	0	0.0	0	15

续表

灌区类型		灌区名称	改造需求							
			渠首工程（座）		灌溉渠道（km）		排水沟（km）		渠道建筑物（座）	
类型	序号		改建	改造	新建	改造	新建	改造	新建	改造
重点中型灌区	26	高港灌区	0	0	0	34.5	0	0.0	0	0
	27	周山河灌区	0	0	0	50.9	0	0.0	0	0
		小计	8	1	0	581.8	0	105.9	764	492
2021—2022年合计			23	3	0	676.2	0	150.9	1178	641

表4-2　2023—2025年中型灌区灌排工程需求统计表

灌区类型		灌区名称	改造需求							
			渠首工程（座）		灌溉渠道（km）		排水沟（km）		渠道建筑物（座）	
类型	序号		改建	改造	新建	改造	新建	改造	新建	改造
一般中型灌区	1	下坝灌区	2	0	0.0	7.2	0.0	1.6	0	11
	2	三合圩灌区	8	0	0.0	32.8	0.0	9.4	0	41
	3	草场圩灌区	5	0	0.0	14.7	0.0	5.5	0	30
	4	羽山水库灌区	0	0	0.0	4.4	0.0	3.0	64	10
	5	贺庄水库灌区	0	2	0.0	11.5	0.0	9.8	56	6
	6	横沟水库灌区	0	1	0.0	3.0	0.0	9.6	114	0
	7	涟西灌区	11	0	18.5	23.5	6.0	32.4	440	41
	8	王集水库灌区	0	2	0.6	9.8	0.0	10.0	48	14
	9	红领巾水库灌区	0	0	0.0	9.0	0.0	5.2	38	0
	10	花元灌区	10	4	0.0	6.0	0.0	6.0	64	4
	11	沿湖灌区	0	0	0.0	95.0	0.0	0.0	0	10
	12	朱桥灌区	0	0	0.0	13.0	3.6	6.0	11	48
	13	刘集红光灌区	0	0	2.0	2.0	0.5	11.5	1	57
	14	秦桥灌区	0	0	5.0	1.6	3.0	1.0	54	7
	15	后马灌区	0	1	2.9	3.5	0.0	3.5	16	5
		小计	36	10	29.0	237.0	13.1	114.5	906	284

续表

灌区类型		灌区名称	改造需求							
			渠首工程（座）		灌溉渠道（km）		排水沟（km）		渠道建筑物（座）	
类型	序号		改建	改造	新建	改造	新建	改造	新建	改造
重点中型灌区	16	汤水河灌区	3	0	0.0	12.5	0.0	1.5	0	30
	17	石臼湖灌区	0	0	0.0	133.0	0.0	95.2	0	12
	18	金牛湖灌区	1	2	0.0	70.8	0.0	60.0	7	1
	19	大沙河灌区	0	2	0.0	203.1	0.0	0.0	69	211
	20	郑集南支河灌区	0	0	0.0	110.1	0.0	0.0	17	91
	21	上级湖灌区	0	0	0.0	151.1	0.0	5.9	1	268
	22	五段灌区	0	0	0.0	80.3	0.0	0.0	5	210
	23	房亭河灌区	0	1	0.0	19.5	0.0	2.3	0	31
	24	沙集灌区	0	1	0.0	109.2	0.0	71.1	22	219
	25	民便河灌区	1	0	0.0	143.7	0.0	3.9	4	176
	26	棋新灌区	0	3	0.0	58.4	0.0	56.5	129	83
	27	不牢河灌区	0	2	0.0	231.4	0.0	0.0	0	354
	28	焦港灌区	0	0	0.0	8.4	21.0	6.8	41	6
	29	如环灌区	0	0	120.0	100.0	60.0	251.6	25	65
	30	新通扬灌区	0	0	258.0	100.8	93.0	356.3	49	10
	31	叮当河灌区	0	0	0.0	8.4	21.0	6.8	41	6
	32	界北灌区	1	0	105.3	21.9	27.0	101.2	130	33
	33	淮涟灌区	0	0	120.0	100.0	60.0	251.6	256	65
	34	运西灌区	2	0	77.3	4.0	0.0	143.4	47	86
	35	三墩灌区	1	0	0.0	62.4	0.0	6.4	0	214
	36	临湖灌区	0	2	1.0	6.2	0.4	60.0	56	20
	37	黄响河灌区	3	5	33.0	12.0	15.0	8.0	238	13
	38	陈涛灌区	0	0	0.0	180.0	0.0	98.0	119	120
	39	川南灌区	1	1	0.0	29.0	0.0	45.9	7	98
	40	东南灌区	5	0	0.0	66.0	0.0	80.0	3	26
	41	宝射河灌区	0	7	0.0	5.0	0.0	59.1	10	256

续表

灌区类型		灌区名称	改造需求							
			渠首工程(座)		灌溉渠道(km)		排水沟(km)		渠道建筑物(座)	
类型	序号		改建	改造	新建	改造	新建	改造	新建	改造
重点中型灌区	42	三垛灌区	0	0	0.0	125.0	0.0	88.2	501	132
	43	三阳河灌区	0	1	0.0	76.7	0.0	0.0	0	197
	44	沿江灌区	16	3	23.2	123.2	10.0	178.4	165	536
	45	黄桥灌区	0	0	0.0	207.7	0.0	0.0	14	10
	46	皂河灌区	0	0	193.9	98.1	0.0	195.5	75	315
	47	淮西灌区	0	0	0.0	115.9	0.0	103.4	13	78
	48	新华灌区	1	0	0.0	110.0	0.0	0.0	110	84
		小计	35	30	931.7	2 883.6	307.3	2 336.9	2 154	4 056
2023—2025 年合计			71	40	960.7	3 120.6	320.4	2 451.4	3 060	4 340
"十四五"合计			94	43	960.7	3 796.8	320.4	2 602.4	4 238	4 981

4.2 输水工程

中型灌区的灌溉输配水系统(骨干工程)包括灌区干支渠(管)道。按照《灌溉与排水工程设计标准》第 6 章的规定,进行渠道防渗衬砌工程设计(或管道化改造)。根据各灌区实际条件,充分考虑水土资源变化,对现有灌溉渠系布局、设计流量、设计水位等进行复核,确定改造方案,保证设计输水能力、边坡稳定和水流安全通畅;确保各级渠道之间和渠道各分段之间的水面平顺衔接;承担防洪、航运等特殊要求的渠道在符合相关规定的条件下,复核渠道的纵、横断面,确定改造方案。有自然水头落差或经济附加值较高农作物用水需求强烈的地区,探索实施管道代替渠道,推广管道化灌溉技术。

规划主要内容:干支渠道开挖疏浚(流量一般不小于 0.1 m^3/s,或以专管、群管分界以上部分渠系),干支渠道衬砌防渗(流量一般不小于 0.1 m^3/s,或以专管、群管分界以上部分渠系),暗渠、输水管道制作安装与建设。经统计,"十四五"全省共改造渠道 4 757.5 km。

4.3 排水工程

骨干排水工程主要为排水干支沟道。按照《灌溉与排水工程设计标准》第 7 章的规定,进行排水沟道改造设计。根据灌区的排水任务与目标、地形与水文地质条件,综合考虑投资、占地等因素,科学确定排水沟道改造方案。

规划主要内容:干支沟道开挖疏浚(流量一般不小于 0.1 m³/s,或以专管、群管分界以下部分骨干沟道),干支沟道护砌与边坡加固、生态护坡工程(流量一般不小于 0.1 m³/s,或以专管、群管分界以下部分骨干沟道),包括南方圩区农田防洪排涝沟系建设。经统计,"十四五"全省共改造骨干排水沟工程 2 922.8 km。

4.4 建筑物工程

按照《灌溉与排水工程设计标准》第 8~16 章的规定,进行渠(沟)系建筑物改造设计。根据工程规模、作用、运行特点和灌区总体布置的要求,对渠(沟)系建筑物的结构尺寸、水力要素、设置数量等进行复核。对不能满足设计要求的建筑物,进行加固、改建、扩建或新建,建筑物设置数量不能满足灌排运行要求时,增建相应建筑物。通过城区、乡村居民点、乡村旅游景区或重要的渠(沟)系建筑物,宜采用外形优美、与环境协调的结构形式。

主要内容:干支渠(沟)系建筑物(农桥、涵洞、水闸、渡槽、倒虹吸管、隧洞等)配套完善和更新改造。

泵站。对灌区内部灌排泵站的结构尺寸、水力要素、设置数量等进行复核。对不能满足设计要求的泵站,进行加固、改建、扩建或新建。

涵闸。对灌区内部分水闸、节制闸、圩口闸、排涝闸、涵洞等结构尺寸、水力要素、设置数量等进行复核。对不能满足设计要求的涵闸,进行加固、改建、扩建或新建。

农桥。对灌区实施影响的农桥工程的结构尺寸、设计荷载、设置数量等进行复核。对不能满足设计要求的农桥,进行加固、改建、扩建或新建。

4.5 田间工程

灌区田间工程建设是以彻底改变农业生产条件,建设高产稳产农田适应农业现代化的需要为目标,以健全田间灌排渠系和实现治水改土为主要内容,对水、田、林、路等全面规划和综合治理的一项农田基本建设工程。主要包括:土地平整、渠系及建筑物工程、路林网工程、节水灌溉工程和技术推广等,由农业农村部门实施,规划充分征求农业农村部门意见,建设拟达到以下标准:

土地平整。按《高标准农田建设通则》(GB/T 30600—2014)的要求,与土地平整、土壤改良、田间道路、农田防护与生态环境保持、农田输配电以及其他工程统一规划,布局合理,配套齐全。

渠系及建筑物工程。按照设计定型化、制作工厂化、施工机械化等标准化的要求,建设田间灌溉工程,提高田间渠系的质量水平和使用年限;按排涝、降渍、盐碱化治理要求,完善田间排水系统,根据生态建设需要,建设控制排水及排水再利用设施,提高水利用率,减少面源污染。

路林网工程。按照现代农业和集约化、机械化生产和生态建设需求的需要,实现路林网格化,完善田间道路、林网建设。

节水灌溉工程和技术推广。田间工程应根据灌区总体布局以及灌溉方式的调整情况,采用改进型地面灌溉和高效节水灌溉方式,大力推广节水技术,完善工程配套设施,强化节水示范区建设。

4.6 配套设施

配套设施主要包括管理设施、安全设施、计量设施等。根据全省灌区实际情况,进行方案比选,合理提出基于用水管理需求和提高供水服务水平的灌区用水量测方案;合理配套渠系交通、维护、安全、生产管理等附属设施。2021—2022年全省中型灌区规划改造配套设施数量及信息化改造需求统计见表4-3,2023—2025年全省中型灌区规划改造配套设施数量及信息化改造需求统计见表4-4。

管理设施包括巡检道路、维护、生产管理等设施。共改造管理设施4 867处。

安全设施主要指渠道两侧设置的救生踏步、安全警示牌、防护栏杆,以及配套建筑物需要设置的防护栏杆和安全井盖等设施。共改造安全设施7 746处。

计量设施包括建筑物量水、超声波、液位计、测控一体闸等各种量水设施设备。共改造计量设施 5 733 处。

表 4-3 2021—2022 年中型灌区规划改造配套设施数量及信息化改造需求统计表

灌区类型		灌区名称	改造需求						灌区信息化
类型	序号		管理设施（处）		安全设施（处）		计量设施（处）		
			新建	改造	新建	改造	新建	改造	
一般中型灌区	1	石桥灌区	0	0	0	0	0	23	0
	2	龙袍圩灌区	0	1	0	0	0	10	1
	3	新集灌区	0	0	0	0	0	14	1
	4	合沟灌区	0	0	0	0	0	0	1
	5	运南灌区	0	0	0	0	0	14	1
	6	昌黎水库灌区	0	2	0	5	0	20	1
	7	八条路水库灌区	0	2	0	3	0	2	1
	8	洪湖圩灌区	0	0	0	0	0	0	1
	9	跃中灌区	0	1	0	10	0	0	1
	10	王开灌区	0	1	0	12	0	0	1
	11	曹庙灌区	0	2	0	0	0	57	1
	12	红旗灌区	0	1	0	0	0	39	1
		小计	0	10	0	30	0	179	11
重点中型灌区	13	湫湖灌区	0	0	0	0	0	23	1
	14	苗城灌区	0	1	0	0	0	77	1
	15	大运河灌区	0	1	0	0	0	5	1
	16	高集灌区	0	1	0	0	0	20	1
	17	银杏湖灌区	0	0	0	0	0	10	1
	18	红星灌区	0	1	0	0	0	101	1
	19	沂南灌区	0	2	0	0	0	17	1
	20	利农河灌区	0	3	0	0	0	0	1
	21	双南干渠灌区	0	0	0	100	0	31	1
	22	龙冈灌区	0	0	0	20	0	11	1
	23	泾河灌区	0	0	0	0	0	26	0

续表

灌区类型		灌区名称	改造需求						灌区信息化
			管理设施(处)		安全设施(处)		计量设施(处)		
类型	序号		新建	改造	新建	改造	新建	改造	
重点中型灌区	24	红旗河灌区	0	0	0	0	0	0	1
	25	孤山灌区	0	0	0	0	0	0	1
	26	高港灌区	0	0	0	0	0	0	0
	27	周山河灌区	0	0	0	0	0	472	1
		小计	0	9	0	120	0	793	13
2021—2022 年合计			0	19	0	150	49	972	24

表 4-4 2023—2025 年中型灌区规划改造配套设施数量及信息化改造需求统计表

灌区类型		灌区名称	改造需求						灌区信息化
			管理设施(处)		安全设施(处)		计量设施(处)		
类型	序号		新建	改造	新建	改造	新建	改造	
一般中型灌区	1	下坝灌区	0	2	0	0	0	10	0
	2	三合圩灌区	0	1	0	0	0	5	0
	3	草场圩灌区	0	2	0	0	0	5	0
	4	羽山水库灌区	0	2	0	9	0	9	1
	5	贺庄水库灌区	0	4	0	4	0	20	1
	6	横沟水库灌区	0	5	0	10	0	3	1
	7	涟西灌区	0	18	0	116	0	46	1
	8	王集水库灌区	0	11	0	200	0	18	1
	9	红领巾水库灌区	0	3	0	260	0	5	1
	10	花元灌区	0	1	0	35	0	43	1
	11	沿湖灌区	0	5	0	10	0	14	1
	12	朱桥灌区	0	11	0	55	0	33	1
	13	刘集红光灌区	0	7	0	61	0	50	1
	14	秦桥灌区	0	7	0	30	0	11	1
	15	后马灌区	0	1	0	20	0	3	1
		小计	0	80	0	810	0	275	12

续表

灌区类型		灌区名称	改造需求						灌区信息化
			管理设施(处)		安全设施(处)		计量设施(处)		
类型	序号		新建	改造	新建	改造	新建	改造	
重点中型灌区	16	汤水河灌区	0	17	0	0	0	10	1
	17	石臼湖灌区	0	11	0	0	0	10	1
	18	金牛湖灌区	0	1	0	60	0	9	0
	19	大沙河灌区	0	248	0	741	0	123	1
	20	郑集南支河灌区	0	137	0	708	0	118	1
	21	上级湖灌区	0	196	0	249	0	31	1
	22	五段灌区	0	162	0	156	0	26	1
	23	房亭河灌区	0	36	0	330	0	154	1
	24	沙集灌区	0	672	0	639	0	166	1
	25	民便河灌区	0	444	0	610	0	230	1
	26	棋新灌区	0	94	0	72	0	64	1
	27	不牢河灌区	0	879	0	222	0	362	1
	28	焦港灌区	0	340	0	320	0	280	1
	29	如环灌区	0	60	0	70	0	70	1
	30	新通扬灌区	0	413	0	435	0	1280	1
	31	叮当河灌区	0	340	0	480	0	280	1
	32	界北灌区	0	227	0	500	0	15	1
	33	淮涟灌区	0	60	0	127	0	70	1
	34	运西灌区	0	2	0	140	0	137	1
	35	三墩灌区	0	10	0	14	0	25	1
	36	临湖灌区	0	4	0	20	0	17	1
	37	黄响河灌区	0	1	0	1	0	26	1
	38	陈涛灌区	0	12	0	42	0	183	1
	39	川南灌区	0	3	0	7	0	21	1
	40	东南灌区	0	1	0	20	0	10	1

续表

灌区类型		灌区名称	改造需求						灌区信息化
			管理设施（处）		安全设施（处）		计量设施（处）		
类型	序号		新建	改造	新建	改造	新建	改造	
重点中型灌区	41	宝射河灌区	0	0	0	0	0	105	0
	42	三垛灌区	0	16	0	368	0	145	1
	43	三阳河灌区	0	10	0	40	0	200	1
	44	沿江灌区	0	21	0	120	0	60	1
	45	黄桥灌区	0	0	0	0	0	0	0
	46	皂河灌区	0	324	0	250	0	148	1
	47	淮西灌区	0	13	0	31	0	69	1
	48	新华灌区	0	14	0	13	0	42	1
		小计	0	4 768	0	6 786	0	4 486	30
		2023—2025 年合计	0	4 848	0	7 596	0	4 761	42
		"十四五"合计	0	4 867	0	7 746	0	5 733	66

4.7 信息化建设

江苏水利信息化经过多年建设，已建成水利地理信息服务平台、省水利数据中心、水利统一门户以及多个业务应用系统，"智慧水利"支撑体系基本形成。江苏省中型灌区信息化建设总体思路是"利用资源、总体规划、有序推进"。充分利用江苏省智慧大型灌区平台建设成果，以及江苏省水利云中心提供的软硬件资源开展江苏省智慧大中型灌区平台软件系统建设。

按照省、市、县、灌区集中展示功能、灌区一张图功能、灌区标准化功能、灌区个性化功能的顺序，有序进行系统开发建设。各地应以本次项目为契机，充分利用现代信息技术，包括信息采集、传输、存储、建模和处理等，深入开发和利用灌区信息资源，提高信息采集和加工的准确性、时效性，建成水利数据中心统一平台与共享交换平台体系，不断提升灌区建设管理现代化水平，逐步实现全省灌区"面上工程信息化、骨干工程自动化、灌溉配水科学化"的管理模式。

4.7.1 总体思路

(1) 利用资源

充分利用江苏省智慧大型灌区平台的建设成果,以及江苏省水利云中心提供的软硬件资源,包括网络资源、服务器资源、软件资源(操作系统、数据库、中间件、公共服务接口),开展江苏省智慧大中型灌区平台软件建设,并在水利云中心进行部署。

(2) 总体规划

江苏省智慧大中型灌区平台软件建设以灌区业务管理为主,兼顾市县水利局灌区业务管理,重点梳理灌区各项业务,优化业务管理流程,整合灌区关键业务数据,提高灌区管理效率和管理水平。

建立实用、可扩展的灌区业务管理标准框架,提供规范化的二次开放框架,降低后续项目开发难度、缩短开发周期、节约开发成本,且保证多期项目建设的软件成果平台统一、风格一致。

(3) 有序推进

按照空间数据、管理数据收集入库,全面推广灌区管理标准功能,典型灌区管理软件定制三步走的顺序,有序进行项目建设。

4.7.2 总体框架

"江苏省智慧大中型灌区平台"采用"1-2-3-4"的总体架构进行整体建设,即:统一平台、两类应用、三化管理、四级用户,如图 4-1 所示。

(1) 统一平台

江苏省智慧大中型灌区平台包括灌区管理一张图系统、灌区管理可视化集中展示系统、灌区业务管理系统、灌区管理移动智能终端系统等四大子系统。通过统一部署、统一整合、统一培训和统一运维实现平台的统一管理。

统一部署。采用集中部署的方式,省、市、县水利主管部门和灌区管理单位通过电脑的浏览器和手机 App 即可访问平台业务应用。

统一整合。对硬件整合,打造标准数据交换系统,规范各项自动化设备的数据整合;对软件整合,打造标准二次开发接口,规范各灌区自建软件系统的整合。

统一培训。对各级用户进行制度化、常态化的培训,统一培训工作大纲、培训

图 4-1　江苏省智慧大中型灌区平台总体架构图

材料、操作手册。

统一运维。搭建服务于灌区的运维监控平台，对整个平台的服务器安全、系统数据、软件系统的应用等实行统一运维管理。

（2）两类应用

电脑平台和手机平台，采用成熟软件的界面设计风格，降低用户陌生感：电脑平台采用 Windows 操作系统的设计风格；手机平台采用微信的设计风格，含监测监控、通讯录、发现、我等四大功能版块。

（3）三化管理

即工作流程规范化、工作成果标准化、监督管理智能化。

工作流程规范化包括项目管理规范化、工程管理规范化、量水管理规范化和水费管理规范化。

工作成果标准化包括指标信息标准化、台账信息标准化和实时信息标准化。

监督管理智能化包括地图管理综合化、数据分析可视化和业务管理移动化。

（4）四级用户

平台按省、市、县、灌区四级模式进行用户管理，用户权限分为功能权限和行政权限。

功能权限：根据省、市、县、灌区不同人员工作的关注内容不同，可分配给用户不同的功能权限。

行政权限：省、市、县、灌区各级用户只能使用和查看本机单位、下级单位，以及管理范围内的功能信息。

4.7.3 建设原则

(1) 需求主导性

针对省、市、县、灌区四级管理部门对中型灌区管理的需要,设计建设符合用户实际需求的平台软件。

(2) 资源共享性

充分利用智慧大型灌区平台的建设成果及智慧水利云平台的信息资源,在保证原系统数据、设备等安全的情况下,利用可用的现有资源,避免重复建设。

(3) 实用与先进性

充分利用成熟、先进的技术,满足各级用户业务管理需要,操作直观、简便。

(4) 开放与拓展性

系统设计与开发遵守国家相关标准,并具有较强的开放性和可拓展性,能够与其他江苏水利信息数据互联、互操作,提供规范化的二次开放框架。

(5) 方便易用性

系统操作简单、易用、直观,操作界面友好,具备灵活方便的展示功能,可以通过丰富的形式展示实时数据、历史数据及趋势,方便对动态图形、报表进行定义和修改,满足不同管理需求,支持个性化用户登录界面,根据不同用户的职能授权操作。

(6) 安全可靠性

信息安全和网络安全满足国家网络安全的相关要求,打造安全可靠的基础软硬件环境。

4.7.4 建设目标

在江苏省智慧大型灌区平台基础上,结合中型灌区业务特点对平台软件进行重构、整合、拓展,实现大中型灌区的标准化、规范化管理,促进大中型灌区的平衡发展。

(1) 标准化、规范化的管理

江苏省智慧大中型灌区平台软件的建设是通过将全省中型灌区的空间数据、管理数据的全面接入,使原有智慧大型灌区平台软件扩展中型灌区的信息数据。同时,将平台软件与江苏省智慧水利平台全面融合,既能充分利用江苏省智慧水利平台的丰富资源，实现数据的互联互通，也能为江苏省智慧水利平台丰富全省中型灌区的信息数据。

江苏省智慧大中型灌区平台软件的建设，在原有功能的基础上，接入的空间数据和管理数据，采用统一维护管理、统一数据格式、统一相关标准、统一数据接口、统一传输模式等管理模式，打破数据之间的壁垒，增加数据的共享程度，实现全省大中型灌区的资源整合、统一管理。

（2）灌区管理的智能应用

以业务管理为核心、管理数据为主线、智慧大型灌区管理平台为基础，搭建长序列、系统的基础数据体系和数据监测体系，为市县及灌区管理单位提供高效实用的中型灌区信息管理工具，实现全省大中型灌区业务范围内数据管理的全覆盖，为灌区管理业务提供有效的系统支撑。同时，开展典型灌区的个性化管理软件定制研发，满足管理业务差异或职能调整导致的业务需要。

（3）学习交流平台

以灌区实际需求为基础，通过信息化手段，全面展示灌区建设面貌、人文景观，逐层逐级地展示灌区管理情况，为灌区水文化、水历史、水景观的管理提供丰富的技术手段，为灌区间的学习与交流提供相应的平台。

4.7.5 建设任务

2021—2025年，全省规划实施75处中型灌区续建配套与节水改造项目，其中66处灌区实施信息化改造，主要内容包括对泵站等水源工程进行流量监控，对主要闸门实施水情和开度信息监测和控制，安装计量设施，建设灌区智能应用体系和信息服务平台，配套软硬件设施等。

（1）中型灌区空间数据收集入库

按照原始地图收集及处理、地图矢量化、地图服务发布、GIS系统联调四大工作流程，将264处中型灌区的空间数据进行标准化、规范化。

（2）中型灌区管理数据收集入库

将264处中型灌区的管理数据接入"江苏省智慧大中型灌区平台"，通过一张图管理系统，以二、三维电子地图为媒介，展示中型灌区的灌区概况、项目情况、水价管理情况、灌溉面积情况、工程管理情况等信息，实现全省中型灌区的工程上图、属性入库。

(3)中型灌区管理软件定制开发

以明确灌区管理需求为前提,根据全省中型灌区的实际情况,选取管理方式上有代表性的典型灌区,定制满足中型灌区管理需求的实用软件,开展个性化功能开发。

(4)中型灌区管理软件运行维护

包括空间数据、管理数据,以及系统运行状态检测、系统使用答疑、系统数据备份、系统问题响应、系统发布实施、系统权限配置、系统培训等内容,确保平台软件高效、可靠。

5
生态体系

坚持保护优先、自然恢复为主,以"恢复沟渠水生态系统"为核心思想,重点进行水生态修复,重构自然和谐的水生态系统;结合灌区未来集聚提升、城郊融合、特色村庄保护及相关规划,配合各项水生态修复措施,重点打造生态湿地和沟渠植被恢复点,提升灌区生态环境和人居环境水平;以建设生态沟渠为目标,以保障河道防洪安全、供水安全、生态安全为重点,在以往沟渠疏浚整治初步成效的基础上,对部分骨干灌排沟渠进一步开展生态治理,解决河道淤积、功能衰减、水环境恶化等突出问题,着力构建"河畅、水清、岸绿、景美"的生态型灌区。

5.1 基本原则

坚持人水和谐,科学发展。牢固树立人与自然和谐相处理念,尊重自然规律和经济社会发展规律,充分发挥灌区水生态系统自我修复能力,以水定需、量水而行、因水制宜,推动灌区经济社会发展与水资源和水环境承载力相协调。

坚持保护为主,防治结合。规范灌区范围内各类涉水生产建设活动,落实各项监管措施,着力实现从事后治理向事前保护转变。在维护灌区水系生态系统的自然属性,满足居民基本水资源需求基础上,突出重点,推进生态脆弱河流和地区水生态修复,适度建设水景观。

坚持统筹兼顾,合理安排。科学谋划水生态保护与修复布局,统筹考虑水的资源功能、环境功能、生态功能,合理安排生活、生产和生态用水,协调好上下游、左右岸、干支流、地表水和地下水关系,实现水资源的优化配置和高效利用。

坚持因地制宜,以点带面。根据灌区范围内各片区水资源禀赋、水环境条件和经济社会发展状况,形成各具特色的水生态保护与修复模式。选择条件相对成熟、积极性较高的区域,开展试点和创建工作,探索灌区水生态保护与修复经验,辐射带动周边区域水生态的改善和提升。

5.2 生态修复

灌区内河网众多,骨干引排河道、田间排水沟承担着灌区内排涝、降渍的任务,目前部分灌区内许多河道及渠道均杂草丛生,生有水花生,河道淤塞严重,淤积深度均达 1.0 m 以上,排涝能力不足,同时为了控制和削减灌区农业面源污染,提高水质,计划对灌区内部分沟渠进行底泥疏浚,并在此基础上将部分排水河道建成生态河道,实施生态拦截工程。采用荣勋挡墙、木桩、生态袋等实施岸堤生态防护;通过生态浮床、岸坡水生植物的设置,削减水体中 N、P 等营养素;局部节点采取原位生物接触氧化技术,利用植物在生理活动过程中与周边环境的物质交换来吸收降解水体污染物质,使水体的自净能力得以提升。

1) 骨干沟渠生态修复

对灌区内骨干沟渠采用底泥疏浚、原位生物接触氧化技术及岸坡水生植物配置技术等技术方式进行生态修复。

(1) 底泥疏浚。农田面源污染被排水沟截污后,沉积在沟底的营养物质仍可逐步释放而导致藻类繁殖,水质恶化。因此治理面源污染,必须采取"内外兼治"的措施,既要控制外源性营养物质的输入,又要通过底泥疏浚达到治理内源污染的目的。本次通过底泥的疏挖去除沟底泥所含的污染物,清除污染水体的内源,减少底泥污染物向水体的释放,并为水生生态系统的恢复创造条件。清除淤泥用于植被生态系统恢复或还田利用。

(2) 原位生物接触氧化技术。由于灌区排水最终将入长江,为了提升入江河道水质,必须降低河道的污染负荷。因此,在支河汇入通江河道处采用原位生物接触氧化技术,在浮床底下悬挂悬浮填料。填料为生物膜的生长提供了基地,它不仅增加了生物膜的数量,而且使其活性得到提高。微生物附着在固体介质表面上,对水质变化适应性强,并且处理效率高(因为附在上面的微生物种类较多),降解产物污泥量少。在河道一定水体空间设置悬浮填料,可实现生物-生态控污的协同作用。每组装置面积 $6\times 4 \text{ m}^2$,见图 5-1。

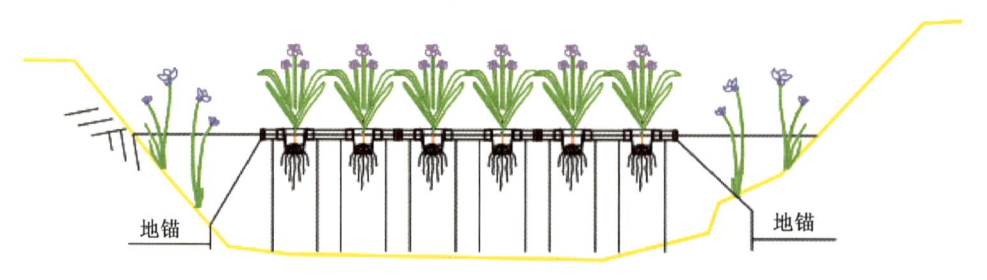

图 5-1 支河入骨干河口处浮床与悬浮填料布置图

(3) 种植水生植物。自水深 0.6 m 处往河堤方向,交替种植水生植物(千屈菜＋花叶芦竹,水生美人蕉＋菖蒲,菖蒲＋香蒲,水葱＋再力花,见图 5-2),宽度为

1 m,每种植物配置方式种植 100 m。

菖蒲　　　　　　　　　　香蒲

图 5-2　水生植物配置组合图

（4）生物浮床-人工水草组合技术。沿施汤中沟约间隔 100 m 布置一组生物浮床-人工水草装置,每组装置面积(10×6)m²,共 3 组,180 m²。生态浮床塑料网格浮体、种植篮规格为 PEφ150-50,从市场购置成品,生物浮床单元剖面见图 5-3。

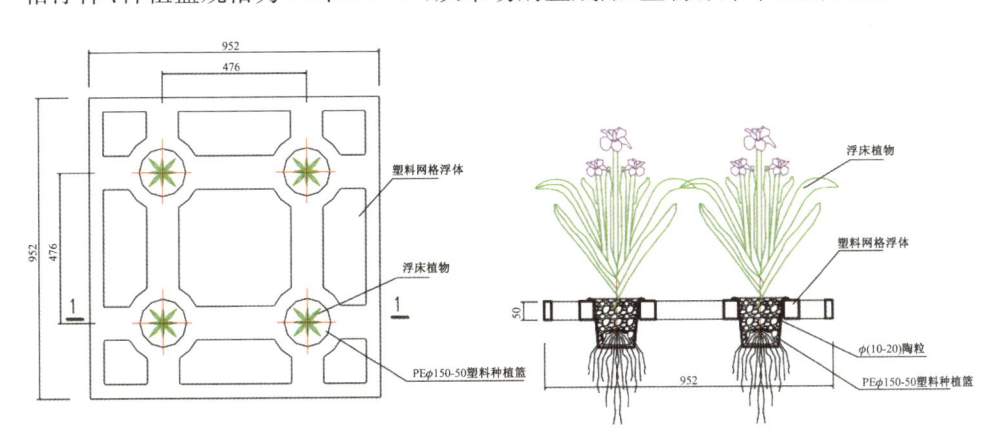

图 5-3　生物浮床单元平剖面图(单位:mm)

（5）岸坡缓冲带。施汤中沟沿路一侧构建乔-灌-草复合群落,选用垂柳、黄杨间隔种植,间距均为 6 m;草坪采用狗牙根,复播黑麦草。见图 5-4。

2）农田面源污染治理

灌区内河网众多,水系发达,农田灌排系统是典型的农业面源污染汇集系统,水体中富含大量的 N、P 等污染物,这些污染物最终随水系汇入长江,本项目灌排系统水环境改善方案采用过程控制、末端治理技术,针对不同类型地区的特点采用不同的生态处理措施。本项目的设计思路是通过对沟、渠、塘等生态修复与治理,

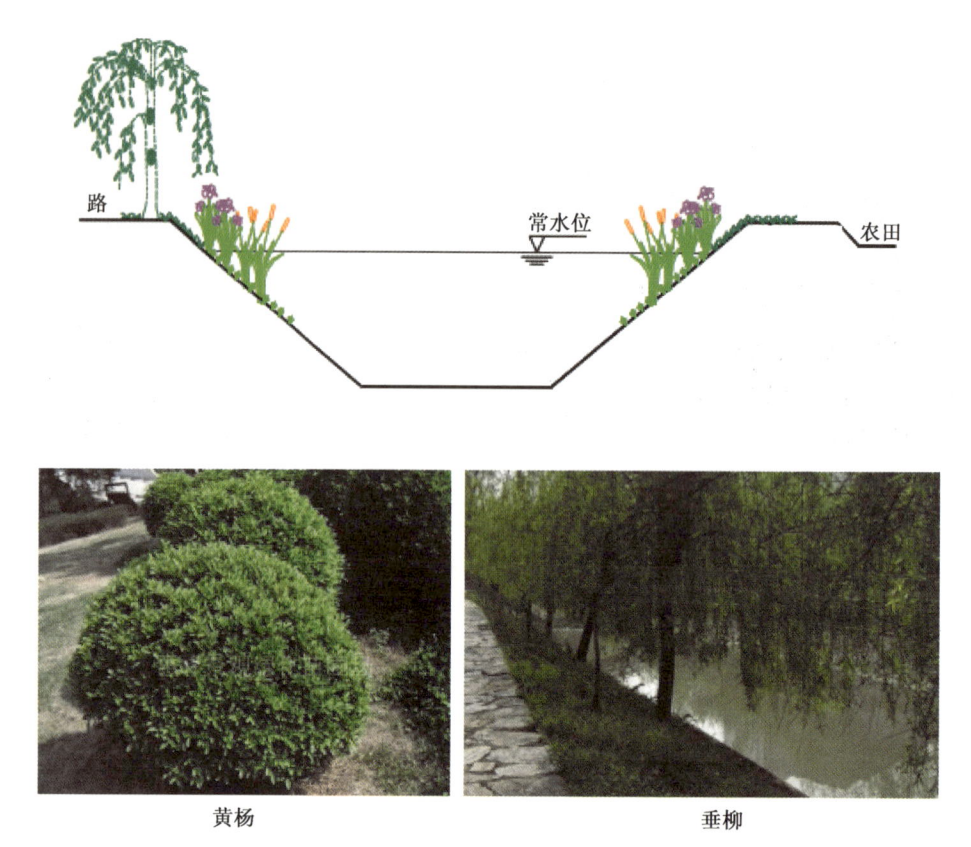

图 5-4　岸坡缓冲带

利用植物在生理活动过程中与周边环境的物质交换来吸收降解水体污染物质,使水体的自净能力得以提升。技术路线如图 5-5 所示。

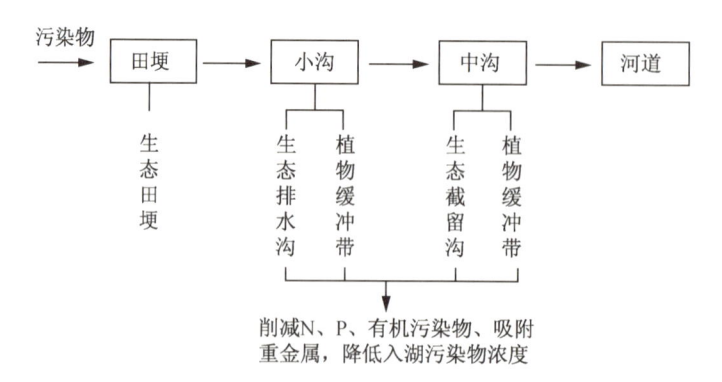

图 5-5　农田面源污染治理技术路线图

5.3 生态走廊

各灌区沿河、沿渠(沟)、沿库塘水系构建生态走廊,构建灌区乔木、灌木和草本植物合理配置的生态系统,构筑灌区水生态屏障体系,发挥灌区改善乡村生活环境、调节气候、提供景观服务等多重服务功能。生态走廊构建技术应充分考虑生态走廊位置、植物种类、结构和布局及宽度等因素,以充分发挥其功能,并满足下列要求:

(1) 生态走廊位置应根据河道所属区域的水文特征、洪水泛滥影响等基础资料确定,宜选择在洪泛区边缘。

(2) 从地形的角度,生态走廊一般设置在下坡位置,与地表径流的方向垂直。对于长坡,可以沿等高线多设置几道生态走廊以削减水流的能量。溪流和沟谷边缘宜全部设置生态走廊。

(3) 生态走廊种植结构设置应考虑系统的稳定性,设置规模宜综合考虑水土保持功效和生产效益。

(4) 植被缓冲区域面积应综合分析确定,在所保护的河道两侧分布有较大量的农业用地时,缓冲区总面积比例可参照农业用地面积的 3%~10% 拟定。

(5) 生态走廊宽应综合考虑净污效果、受纳水体水质保护整体要求,尚需考虑经济、社会等其他方面的因素进行综合研究,确定沿河不同分段的设置宽度。

生态走廊的植物种类配置及设计宜满足下列要求:

(1) 植物配置应具有控制径流和污染的功能,并宜根据所在地的实际情况进行乔、灌、草的合理搭配。

(2) 宜充分利用乔木发达的根系稳固河岸,防止水流的冲刷和侵蚀,并为沿水道迁移的鸟类和野生动植物提供食物及为河水提供良好的遮蔽。

(3) 宜通过草本植物增加地表粗糙度,增强对地表径流的渗透能力和减小径流流速,提高缓冲带的沉积能力。

(4) 宜兼顾旅游和观光价值,合理搭配景观树种。

(5) 植物的种植密度或空间设计,应结合植物的不同生长要求、特性、种植方式及生态环境功能要求等综合研究确定。

5.4 工程措施

优先考虑生态渠道、生态沟道建设,采用绿色混凝土、生态工法、增设动物生态通道等生态衬砌措施,增加水土沟通交流,增强水系连通、库塘渠沟湿地水生态保护,形成点线面相结合、全覆盖、多层次、立体化的水生态安全网络。

1) 生态渠道建设

为减少渠道渗漏、提高输水效率,我省灌区现状渠道普遍采用混凝土和浆砌石对渠道进行衬(护)砌,使水系与附水生物环境相分离,致使相应自净能力等生态功能消失,无法参与缓解水污染,对生物多样性及环境气候造成不利影响。

充分考虑上述问题,根据灌区实际,因地制宜,采用多种型式对渠系进行衬砌改造。具体包括:采用绿色环保植被混凝土、无沙大孔隙混凝土进行衬砌,有利于后期植被生长;对渠道设计水位以下断面进行衬砌,以上部分种植草皮;对混凝土衬砌渠道采用护坡不护底及复合式衬砌型式,或采用植生型防渗砌块、原生态植被防护、三维土工网垫等衬砌技术,在保证渠系水利用率的同时,保护环境,重塑健康生态系统。如图 5-6 所示。

图 5-6 生态渠道典型效果图

2) 生态沟道建设

目前在灌区现状沟道的建设中为了实现最优输水、排水功能,多运用混凝土、浆砌石等刚性护砌,与片面追求水力学中最佳水力断面等设计思路不同,生态型排水沟在满足排水沟正常排水功能的同时,更注重生态效应的发挥、生态系统的平衡和生物多样性的保护。对生态沟道的设计重点注重如下几点:

保证排水沟的基本排水功能,及时排除农田余水、地下水以及地表径流,保证不冲不淤、工程结构安全。

尊重农田排水沟建设前已有的自然生态环境,尽量减少水利工程建设中对原有自然生态环境造成破坏的人工材料的使用,以自然、原生、生态化为设计原则,保障田间生物的自由通行不受阻碍,减少排水沟护坡的硬质化。

排水沟要具备一定的透水性,既能发挥正常的排水功能,又要保证排水沟内的正常水位,涵蓄地下水源,使农田排水沟生态系统内的水循环通畅。

排水沟中适当设置田间生物栖息避难场所及多孔质空间,保护田间生物,增加水路两侧绿化和与周围自然景观的配合。

排水沟断面的型式要多样化,较小的排水沟的断面可选用梯形断面,排水标准要求较高、流量较大的排水沟可选用复式断面,营建多样化的排水沟环境。经过严格设计后,确实需要使用混凝土做排水沟护坡护砌时,在满足水力学条件的前提下,尽量与生态材料(如生态混凝土)等综合使用。

3) 生态护坡建设

生态护坡是指不破坏河道自然生态系统的护坡,它拥有自然河床与河岸基底,丰富的河流地貌,可以充分保证河岸与河流水体之间的水分交换和调节功能,同时具有一定的防护性能。生态型护坡型式主要有:植物护坡、土工网复合植被技术护坡、生态型混凝土砌块护坡、石笼或格宾结构生态型护坡、绿化混凝土护坡、铰接式护坡等。在满足岸坡防护要求的情况下,自然植物护坡是首选的生态护坡技术。

5.5 非工程措施

在工程建设与改造的基础上,结合各项目区实际,优化作物种植布局,采取农业田间节水技术、农艺措施、优化施肥施药和管理等非工程措施,与工程措施综合集成应用,发挥最大效益。

(1) 优化作物种植布局。轮作制度或者耕作制度不同,化肥投入量及水分管理方式也会不同,从而造成面源污染情况也不尽相同。作物种植尽量做到统一布局、连片种植,避免水旱作物混种,以利统一灌排,缩短输水路线,减少输水损失,避免不同作物用水矛盾。按降雨时空分布特征及地下水资源与水利工程现状,合理调整作物布局,选用作物需水与降水耦合性好、耐旱,增加雨热同期对雨水利用率高的作物。同时,调整播种期,使作物生育期耗水与有效降雨量耦合,是提高作物降水利用率、避免干旱的有效途径。

（2）发展生态循环农业。按照高效生态循环农业生产经营模式要求，结合现代农业发展规划、粮食生产功能和现代农业园区规划，鼓励灌区发展以无公害、绿色、有机农产品为特征的高效生态循环农业。

（3）加强管理与技术服务。完善工程建设、建后管护制度，健全计划用水、节约用水制度，推进农业水价综合改革。落实"先建机制，后建工程"制度；制定吸引社会资本和市场主体投资建设的政策措施，鼓励企业、专业种植公司、农业合作社、农民用水户参与工程建设与管理；明确工程主体，落实管护责任，建立持续运行的管护机制。构建以基层水利站、专业服务组织为基础的技术推广服务体系，有效引导科学灌溉、科学施肥，大力推广先进技术，充分发挥工程效益。

（4）提高支撑保障能力。进一步理顺管理制度，深化用水管理、节水管理、水功能区管理、水源地管理、水权有偿使用和交易、水生态环境损害赔偿、水生态补偿等制度改革，完善水生态保护与修复的法制、体制及机制，逐步实现水生态保护与修复工作规范化、制度化、法制化；加大水生态保护执法监管体系建设，完善水环境网格化监管，落实政府和企业水环境保护责任，创新市场激励机制，开展水生态保护与修复政策和投融资机制创新研究；加强灌区水生态保护与修复技术的研究、开发和推广应用；制定水生态保护与修复工作评价标准和评估体系。

（5）广泛开展宣传教育。开展灌区水生态保护宣传教育，提升公众对于水生态保护的认知和认可，倡导先进的水生态伦理价值观和适应水生态保护要求的生产生活方式。建立公众对于水生态保护与修复意见和建议的反映渠道，通过典型示范、专题活动、展览展示、岗位创建、合理化建议等方式，鼓励社会公众广泛参与，提高珍惜水资源、保护水生态的自觉性。

6 管理体系

建立并完善专管与群管相结合的管理体系，不断规范和提升现代灌区管理服务水平。足额落实灌区"两费"，满足灌区运行管理和工程维修养护需求；加强灌区队伍建设，组建高效敬业的管理队伍，配备合理的年龄结构、专业结构，定期开展技术培训，不断提升灌区管理人员的管理水平和技术人员的专业技能；健全灌区管理制度，建立与管理目标任务相适应的人事制度，严格考评制度，按照农业水价综合改革要求，规范水价核定和水费收缴；构建灌溉优化的供配水制度与工程科学调度的运行管理体系，实施用水总量控制和定额管理，实施精准灌溉、精准计量、精细管理。

6.1 体制改革

深化灌区水管体制改革，落实公益性人员经费和公益性工程维修养护经费。按照水利部、财政部印发的《水利工程管理单位定岗标准》和《水利工程维修养护定额标准》测算、核定并落实管理经费、维修养护经费，每万亩灌区管理人员控制在 2 人以内，"两费"落实率达到 100%；推进灌区骨干工程管养分离，培育和规范灌排工程维修养护市场。灌区专业管理机构进一步进行机构内部管理体制改革，完善骨干工程的管理；田间工程加大对村组集体、新型农业经营主体、农民用水合作组织等群管组织的指导，发挥其灌区末级渠系运行管理主体作用。灌区运行管理需加强以下几个方面工作：

一是落实安全责任制，确保工程运行安全。以灌区各引水河、排涝河泵闸站以及堤防涵闸的运行为重点，落实各类水利工程尤其是堤防涵闸安全责任制和安全运行各项规章制度；建立及落实主要负责人、分管负责人、安全管理人员、各岗位安全生产责任制；加强应急机构和应急队伍建设；建立和完善安全事故预防、预警、预报应急机制。着重检查堤防、泵站、涵闸闸门及启闭设备和电气设备的使用维护情况；工程临水临边防护、高低压电器防护、消防设施配备管理情况。

二是建立长效管护机制，加强考核监督。农田水利工程管理工作已与农村河道管护项目同步纳入省农田水利建设管护项目绩效考评中。各地建立健全长效管护工作机制，结合小型水利工程管理体制改革、农田水利设施产权制度改革、水价改革等工作，严格考核措施，积极推行农村小型农田水利工程管护模式"市场化"、管护人员"专业化"、管护考核"绩效化"等管理措施。加强检查监督考核，建立切实可行的考核细则,定期和不定期组织开展专项督查,确保已建好的项目能够长效运行。继续坚持月度督查和季度考核相结合、定期考核与不定期检查相结合,加大农村河道长效管护考核力度,不间断地对全区农村河道管护情况全方位督查,并将考核结果与评优评先挂钩。

三是继续深化改革,加强用水合作组织建设。加强乡镇水利站服务能力建设,统筹推进人才队伍建设、改善基础设施、强化技术装备、健全管理制度等各项工作。推动已明确为公益性全额拨款事业单位水利站的人员、运行等经费足额到位,切实将水利站的工作重心转移到管理与服务上来。健全村级水管员制度,加快构建以乡镇水利站为纽带,农民用水合作组织、抗旱排涝服务队、专业化服务公司和村级水管员、水利工程建设义务监督员等共同构建的基层水利服务网络。完善和壮大农民用水合作组织,对依法进行登记注册的农民用水合作组织进一步明确功能定位,拓展服务范围,健全管理机制,探索农民用水合作组织向农村经济组织、专业化合作社等多元化方向发展,扶持其成为农田水利工程建设和管护的主体,充分发挥其在工程管护、用水管理、水费计收等方面的作用。

四是加强队伍建设,加大培训力度。加强农村水利设施管护组织及队伍建设,建立健全各项管护制度,各类农村水利设施应有专人负责管护,有管护合同、管护记录,管护费用按合同发放。同时做好档案管理工作,保障各项档案真实完整,包括工程核查登记、移交手续、规章制度、队伍建设、经费安排和使用、日常维修养护、检查考核等。加大宣传统计人员培训力度,提高农村水利宣传队伍人员素质。建立健全统计数据报送审核机制,提高农村水利统计数据的客观性、准确性、科学性。

6.2 水价改革

认真贯彻落实国务院关于农业水价综合改革的决策部署和水利部有关要求,坚持目标导向、问题导向、结果导向,强化责任担当,细化目标任务,积极主动作为,夯实工作举措,聚焦重点、突破难点、打造亮点,统筹推进农业水价综合改革工作。

6.2.1 主要做法

1) 高标准推进,改革工作进展顺利

一是认真落实改革目标任务。加快推进改革验收,已完成《江苏省农业水价综合改革验收办法》的制定,并于2019年印发实施。将年度改革任务分解到市、县,落实到具体地块,做到年初有计划、年中有监管、年底有评估,紧盯目标任务抓好各项改革措施落实。全省农业水价综合改革应改面积5 437万亩,截至2020年,已全面完成改革任务。

二是科学核定改革实施范围。根据国家部委有关要求,我省按照"应改尽改"的原则,组织全省75个农业县(市、区)全面梳理有效灌溉面积的基本情况、灌区类型、水资源条件、种植结构等,要求市、县水利、发展改革、财政、农业农村等部门联合报送面积核定情况。2016年度中国水利统计年鉴明确我省有效灌溉面积5 791.38万亩。经核定,我省应改面积占有效灌溉面积约93.9%。改革面积核减原因主要是征地、拆迁、退田还湖、种植结构调整、房产开发、旅游开发以及种植苗木、果树等产业结构调整。

三是完善农业用水管理机制。强化农业用水总量控制、定额管理,省政府颁布实施《江苏省农业灌溉用水定额(2019)》,坚持经济适用有效的原则,合理确定计量单元,配套完善计量表、流量计、量水槽等多种计量设施,积极推广以电折水、计时折水等多元化措施,降低了成本,确保了有效计量。发放大中型灌区取水许可证202个,覆盖所有大型灌区和重点中型灌区,阜宁等地将农业节水水权转让工业用水需求。建成智慧大型灌区信息化系统,加强对农业用水计量点的数据采集和用水动态监测,智慧中型灌区信息化系统平台的建立正有序推进。

四是规范农业用水价格管理。省级制定了《农业用水价格核定管理试行办法》,全省75个涉农县(市、区)均制定了农业水价核定办法,按照补偿运行维护成本出台了县级农业用水指导价格,建立了超定额累进加价机制,部分地区实行两部制水价。完成大型灌区和重点中型灌区农业供水成本核算,区分不同灌溉单元和作物类型,因地制宜实施政府定价或者水管单位与用水户协商定价。

五是落实精准补贴节水奖励。省级依据年度考评结果安排财政专项资金,对各地改革工作进行以奖代补。全省75个县(市、区)全部制定了精准补贴和节水奖励办法。各地建立健全与农民承受能力、节水成效、地方财力相匹配的奖励补贴机制,多渠道、多方式落实奖补资金,确保农业水价改革不增加农民负担。

六是加强基层服务能力建设。加快构建以乡镇水利站为纽带,社会化服务组织、专业化服务公司以及村级水管员队伍为主体的基层水利管理服务网络。目前,全省共有乡镇水利(务)站978个,全部明确为县(市、区)水利(务)局派出机构,明确为公益性全额拨款事业单位890个,占比91%。已组建农民用水合作组织2 355个,成立专业化服务组织和村级灌排服务队1 304个,管理面积4 543万亩,占有效灌溉面积的72.5%。

2) 高站位落实,凝聚合力统筹推动

一是加强组织领导。建立完善省市县上下联动、各部门协同推进的改革工作格局,确保改革各项任务落细落实。省级建立了农业水价综合改革联席会议制度,由分管副省长担任召集人,省政府分管秘书长、省水利厅主要负责同志担任副召集人,省级相关部门为成员,联席会议办公室设在省水利厅。省水利厅专门成立了推进农业水价综合改革工作领导小组,主要负责同志担任组长。

市、县也相应成立了改革工作领导小组。坚持以县为单元整体推进改革工作,县级政府全面落实"对本行政区域农业水价综合改革工作负总责"的要求,把改革工作列入政府重要议事日程,全县同挂一张图,统筹下好一盘棋,定期研究分析形势,针对重点问题,找准突破口,提出有效措施,组织相关部门合力攻坚,确保各项任务同步实施。按照国家有关要求,进一步明确了相关部门的职责分工,各级水利、发展改革、财政、农业农村等部门强化责任担当,积极主动配合,拧成一股绳,每年组织1至2次全省农业水价综合改革推进会,协力有序推进改革发展。

二是构建评价体系。围绕促进农业节水、保障工程良性运行、不增加农民负担的要求,逐步建立完善"组织领导到位、水价核定到位、工程管护到位、用水管理到位、资金落实到位、绩效考核到位"六个到位的综合考评指标体系。坚持以县为单位整体推进、各项改革任务同步实施,统筹谋划农业水价综合改革工作。

三是坚持典型引路。及时总结推广好的经验和做法,着力打造能复制、可推广的改革典型。印发了阜宁、如皋、灌云、太仓、丹阳、吴江等地农业水价改革典型经验做法,并组织各地开展交流互动学习,通过示范引导、典型引路,全面推进农业水价综合改革工作。

四是严格督查考核。农业水价综合改革工作被列为省委全面深化改革年度重点任务之一,实行省领导挂钩联系制度,并纳入全省乡村振兴战略、粮食安全责任制、最严格水资源管理制度考核范畴。将县级改革绩效评价结果纳入省以上改革资金分配的重要因素。省、市、县都建立了检查通报机制,不定期检查通报改革进展情况。

3）高要求检视，查找改革存在问题

农业水价综合改革工作涉及面广，推进难度大，在实际改革过程中，仍然存在一些困难和问题。一方面农民用水合作组织运行不够规范。全省农民用水合作组织管理范围超过全省有效灌溉面积的70%，但受制于人员素质和制度执行不力，部分合作组织运行还不规范，在计划用水、水费计收、工程管护等方面作用发挥不够明显。另一方面精准补贴和节水奖励落实仍有差距。淮北等经济欠发达地区是我省农业主产区，也是农业水价综合改革的重点区域，但部分地区由于水价形成机制不完善或地方财力有限，相关涉农资金整合不到位，精准补贴和节水奖励资金没有很好落实。

4）高质量部署，按时完成改革任务

截至2020年年底，按照在全国率先完成改革任务的要求，坚持标准、加快进度、严格考核，全省农业水价综合改革任务已全面完成。

一是完善改革制度机制。按照国家要求，进一步完善农业水价形成机制、精准补贴和节水奖励机制、工程建设和管护机制、用水管理机制等四项机制，确保农业水价合理、工程运行良好、用水管理科学，改革经费效益及时充分发挥，有效推进各项措施全面落实。建立全省改革验收工作月调度制度，每月底汇总情况，下月初召开调度会议，加快推进验收工作进程。9月初，省级相关部门组织召开全省农业水价综合改革工作视频推进会，再次对改革验收工作进行重点部署，提出组织程序要规范、赋分依据要充分、改革效果要明晰等明确要求。各地认真落实会议要求，由县级政府牵头，按照自下而上、分级组织、分批实施的原则，对照时间节点，倒排验收计划，加快推进改革验收工作。

二是加快推进改革验收。按照"改革实施区域通过验收是完成改革任务的判定标准"，2019年底省级相关部门联合印发《江苏省农业水价综合改革验收办法》，明确验收对象、验收依据、验收条件、验收组织、验收评定等事项，细化为4大项共29条具体指标，对改革完成情况进行验收评估赋分，衡量各地农业水价综合改革成效。2020年5月，省级印发《农业水价综合改革工作验收指南》，进一步细化规范验收有关工作。制定出台《江苏省农业水价综合改革验收办法》，组织一批条件具备的县（市、区）先行开展省级验收工作。目前，全省75个改革县中已有55个县完成了县级自验，其中23个县通过了市级初验，为全省按时完成改革验收任务奠定了坚实基础。

三是规范管护组织发展。坚持农田水利工程管护组织多元化发展,构建完善以乡镇水利站为纽带,以灌区管理单位、农民用水合作组织、灌排服务公司为主体,以村级水管员为补充的管理服务网络,推进农民用水合作组织多元发展,确保工程有人管、管得好,促进其规范运行。

6.2.2 巩固提升

对标2020年年底前在全国率先完成农业水价综合改革任务的要求,下一步需加快完成改革验收,继续研究对当前改革成果进行巩固提升。

探索实行分类水价。在已有成果基础上,结合灌区实际情况区别对待农业(粮食作物、经济作物、养殖业)、工业、生活、环境等用水类型,在终端用水环节实行分类水价。统筹考虑用水量、生产效益、产业发展政策等,合理确定各类用水价格,用水量大或附加值高的经济作物和养殖业的用水价格、工业用水价格应高于其他用水类型。探索建立以城补乡、以工补农的价格机制。

逐步推行分档水价。严格实行总量控制和定额管理制度,逐步推行超定额累进加价制度,合理确定阶梯和加价幅度。探索推行基本水价和计量水价相结合的两部制水价,实行丰枯季节水价,合理使用"以电折水""以时折水"管理制度。

完善水费征收机制。用水实行计量收费,骨干工程全部实现斗口计量供水,末级渠系根据管理需要细化计量单元。建立农业水费合理分摊机制,农业水费可以向用水户计收,也可以实行财政转移支付。规范财政转移支付,支付规模按区域农业用水量与运行维护水价水平确定。

6.3 标准化管理

为全面提升灌区标准化规范化管理水平,保障灌区工程安全运行和持续发挥效益,服务乡村振兴战略和经济社会高质量发展,根据水利部《大中型灌区标准化规范化管理指导意见(试行)》《水利工程管理考核办法》等要求,结合灌区工程建设与管理实际,坚持政府主导、部门协作,落实责任、强化监管,全面规划、稳步推进,统一标准、分级实施的原则有序推进灌区标准化规范化管理。县级水行政主管部门负责灌区标准化规范化管理的组织领导,指导、监督灌区标准化规范化建设与管理工作。编制灌区标准化规范化管理办法,充分反映灌区现代化管理的要求,把灌区标准化规范化管理的好做法、好经验固化下来。

6.3.1 组织管理

县级水行政主管部门负责指导、督促灌区加强组织管理工作,不断深化灌区管理体制改革。要求管理体制顺畅,管理权限明确;实行管养分离,内部事企分开;建立竞争机制,实行竞聘上岗;建立合理、有效的激励机制。新组建的灌区管理所应根据灌区职能及批复的灌区管理体制改革方案,落实管理机构和人员编制,根据每万亩灌面专管人数2人的目标,合理设置岗位和配置人员,不超过部颁标准。

灌区管理单位应注重以下几点:① 建立健全灌区管理制度,落实岗位责任主体和管理人员工作职责,做到责任落实到位,制度执行有力,骨干工程由县级水行政主管部门直属水管单位管理,小型水利工程由乡镇负总责。② 加强人才队伍建设,扩大管理队伍,优化灌区人员结构,创新人才激励机制,配备技术负责人,技术工人经培训上岗,关键岗位持证上岗,制定职业技能培训计划并积极组织实施,职工年培训率达到80%以上,确保灌区管理人员素质满足岗位管理需求。③ 高度重视党建工作、党风廉政建设、精神文明创建和水文化建设,加强相关法律法规、工程保护和安全宣传教育,确保职工文体活动丰富。

6.3.2 安全管理

灌区管理所应加强灌区安全管理,保障工程安全正常运行,落实安全生产管理机构、人员和制度,特种作业人员持证上岗,注重安全生产标准化建设,确保无重大安全责任事故。对重要工程设施、重要保护地段,应设置禁止事项告示牌和安全警示标志等,依法依规对工程管理和保护范围内的活动进行管理和巡查。对于骨干工程,县级主管部门、灌区管理所根据实际需要设置宣传水法、规章、制度等的标语、标牌,埋设位置醒目,宣传内容清晰。在河道、渠道岸边醒目位置间隔设置"坡滑水深,禁止靠近"类警示牌。落实水旱灾害防御责任制,成立水旱灾害防御指挥领导小组,形成一把手负总责、其他班子成员分片包干负责、一线防汛抗旱职工具体负责的"三级"联动机制,并制定责任明晰的岗位责任制。每年灌溉供水前后及汛期前后,灌区管理所进行渠道及水工建筑物安全隐患排查,并建立安全隐患文字、图片台账。对灌区泵站变压器和供电线路、土质高边坡易塌方渠堤、沙壤土易发管涌渠堤、坡滑水深易发溺水区等重大危险源辨识管控到位;对隐患排查结果进行分析评估,对于依靠单位自身能力能够解决的立即整改,对于整改难度大、需要资金多的安全隐患制定初步解决方案,并及时上报县级水行政主管部门,由县级水行政主管部门列入维修养护项目进行整改。由安全生产工作领导小组制定安全生产工作实施方案、安全生产事故应急管理办法,所有特种作业人员全部持证上岗,需具备较强的安全应急处理能力。

6.3.3 工程管理

建立健全工程日常管理、工程巡查、观测及维修养护制度,尽快出台完善"管养分离"等方面的办法和制度,推动灌区建立良好的管理运行机制。建立健全灌区档案管理规章制度,按照水利部《水利工程建设项目档案管理规定》,建立完整的技术档案,灌区技术图表齐全,工程分布图、骨干渠道纵横断面图、建筑物平立剖面图、启闭机控制图、主要技术指标表以及主要设备规格、检修情况表等齐全,逐步实现档案管理数字化。骨干渠道完好率和各类建筑物完好率达到90%以上;工程巡护、检查有制度,检查记录图表清晰、齐全;按规定开展工程观测,观测设施完好率达95%以上。

积极推进灌区管理现代化建设,依据灌区管理需求,制定管理现代化发展相关规划和实施计划,积极引进、推广使用管理新技术,开展信息化基础设施、业务应用系统和信息化保障环境建设,改善管理手段,增加管理科技含量,做到灌区管理系统运行可靠、设备管理完好,利用率高,不断提升灌区管理信息化水平。

6.3.4 供用水管理

编制年度引(用)水计划,实行总量控制和定额管理,灌区引(用)水计划执行无人为失误,编制的引(用)水计划用户无不合理反应,有动态用水计划管理措施,用水计划管理执行面积率达到100%。按要求每年编制灌区水量调度的方案或计划,水量调度制度完善,调度指令畅通,水量调度及时、准确,水量调度记录完整;量水信息记录规范,资料齐全,量水设备和仪器精度均保持在规范和标准允许范围内;每年制定农田灌溉节水技术推广计划,有节水灌溉技术培训,亩均用水量要呈年度递减,灌溉水利用系数每年递增,到2025年达到0.61以上。

建立健全节水管理制度,积极推广应用节水技术和工艺,每年制定农田灌溉节水技术推广计划和节水宣传活动,积极推进农业水价综合改革,建立健全节水激励机制,提高灌区用水效率和效益,推进节水型灌区创建工作。结合灌区生产实际,积极开展灌溉试验、用水管理、工程管理等相关科学研究,推进科研成果转化。

6.3.5 经济管理

健全财务管理制度,保障管理人员待遇。确保灌区维修养护、运行管理经费下达中各个环节均无截留,维修养护经费由县级财政局管理,维修养护项目实行公开招投标,资金按照规定程序拨付;运行管理费由县级水行政主管部门扎口管理,资金使用实行报账制,确保两项费用使用规范,确保公益性人员基本支出和工程公益性部分维修养护费及时足额到位。按有关规定收取水费和其他费用,收取率达到100%。

灌区管理所的人员基础工资实行每月足额发放,80%奖励性绩效工资按季度考核发放,20%奖励性绩效工资根据年终考核一次性发放,确保当年工资当年足额结清;福利待遇执行人社局统一的调资标准,与同类事业单位基本持平,需高于当地平均水平。

6.4 灌溉水利用系数

灌溉水利用系数是《国民经济和社会发展第十三个五年规划纲要》和水资源管理"三条红线"控制目标的一项主要指标,是推进水资源消耗总量和强度双控行动、全面建设节水型社会的重要内容。切实做好农田灌溉水有效利用系数测算分析工作,是贯彻新时期治水思路和落实水利改革发展总基调的重要内容,对于客观反映灌区工程状况、用水管理能力、灌溉技术水平,有效指导灌区规划设计,合理评估灌区节水潜力,乃至促进区域水资源优化配置等具有重要意义。

根据水利部统一部署,严格按照《灌溉水利用率测定技术导则》《全国农田灌溉水有效利用系数测算分析技术指导细则》规定的测算方法和要求,持续做好灌区灌溉水有效利用系数测算分析工作,确定各阶段工作目标和任务,建立工作机制,制定工作方案,保障工作经费,加强过程管理与监督检查,提高基础数据采集的可靠性、及时性和连续性,严格执行测算分析程序和方法,确保成果的合理性。一是规范工作过程。建立省、市、县、样点灌区四级测算体系,从组织领导、经费落实、技术支撑、样点选择、方案制定、技术培训、现场指导、水量观测、资料整理、成果审核等方面分层落实,层层把关,严格规范,科学操作,保证了测算成果的质量。制定市级工作方案、成果报告编制提纲,对市级工作方案进行严格把关;加大灌溉期间实地技术指导和监督检查力度。二是落实工作经费。按照考评办法规定,足额落实测算经费、加大样点灌区的工程投入、计量设施及管理设施的建设投入,为样点灌区测算提供可靠的物质条件和经费保障。三是分析测算成果。在实测资料的基础上,逐级汇总分析测算成果,结合灌区实际,从灌区规模、工程投入、运行管护、降水量分布、灌溉试验成果等方面对成果进行分析,确保成果具有较强的合理性和准确性。

7 投资估算

7.1 编制依据

7.1.1 依据

采用省水利现行相关费用标准及其配套建筑工程定额和材料预算基价。对已有前期工作的项目,以前期工作提出的投资为准,其他项目可根据实际情况进行估算。投资估算主要依据:

(1)《江苏省水利工程设计概(估)算编制规定》;

(2)《江苏省水利工程概算定额建筑工程》;

(3)《江苏省水利工程概算定额安装工程》;

(4)《江苏省水利工程施工机械台时费定额》;

(5)《江苏省水利工程预算定额动态基价表》;

(6)《江苏省水利厅关于调增安全文明措施费和项目建设管理费两项费率标准的通知》;

(7)《江苏省水利厅关于发布江苏省水利工程人工预算工时单价标准的通知》;

(8)《水利水电工程设计工程量计算规定》;

(9)国家及地方有关政策法规。

7.1.2 估算方法

以灌区为单元,汇总得出"十四五"全省中型灌区规划估算总投资。其中,2021—2022年实施的灌区,均已编制完成《中型灌区续建配套与节水改造总体方案(2021—2022)》,按照《江苏省水利工程设计概(估)算编制规定》编制投资估算。2023—2025年实施的灌区,采用各灌区2019年编制完成的《中型灌区续建配套与节水改造规划》,参考各地类似工程项目和本地区大宗建筑材料行情,采用典型工程估算指标法进行投资估算,即根据各地已建典型工程,分析得出各类工程单位投资指标,再结合规划水平年确定的各类工程建设规模,分析得出灌区估算投资。

7.2 投资估算

主要建设内容:渠首改建94座、改造43座;渠道改造4 757.5 km;排水沟改造2 922.81 km;配套建筑物新建4 238座、改造4 981座,管理设施改造4 867处,安全设施改造7 746处,计量设施改造5 733处;实施灌区管理信息化改造66处。经估算,规划总投资150.69亿元,详见表7-1、表7-2。

表7-1 2021—2022年中型灌区估算投资及分年投资表

灌区类型		灌区名称	设计灌溉面积(万亩)	投资(万元)		
类型	序号			合计	2021年	2022年
2021—2022年合计			231.46	221 818	110 911	110 907
一般中型灌区	1	石桥灌区	1.41	1 440	720	720
	2	龙袍圩灌区	4.19	4 170	2 085	2 085
	3	新集灌区	2.35	2 397	1 199	1 198
	4	合沟灌区	4.20	4 200	2 100	2 100
	5	运南灌区	3.00	3 000	1 500	1 500
	6	昌黎水库灌区	4.00	4 000	2 000	2 000
	7	八条路水库灌区	2.90	2 903	1 452	1 451
	8	洪湖圩灌区	2.20	2 200	1 100	1 100
	9	跃中灌区	2.9	2 900	1 450	1 450
	10	王开灌区	1.63	1 600	800	800
	11	曹庙灌区	2.60	2 600	1 300	1 300
	12	红旗灌区	2.00	2 000	1 000	1 000
		小计	33.38	33 410	16 706	16 704
重点中型灌区	13	湫湖灌区	8.91	9 483	4 742	4 741
	14	苗城灌区	17.20	17 188	8 594	8 594
	15	大运河灌区	11.48	11 400	5 700	5 700
	16	高集灌区	15.00	15 000	7 500	7 500
	17	银杏湖灌区	14.20	14 200	7 100	7 100
	18	红星灌区	8.20	8 200	4 100	4 100

续表

灌区类型		灌区名称	设计灌溉面积(万亩)	投资(万元)		
类型	序号			合计	2021年	2022年
重点中型灌区	19	沂南灌区	8.38	8 300	4 150	4 150
	20	利农河灌区	9.61	9 600	4 800	4 800
	21	双南干渠灌区	21.30	12 200	6 100	6 100
	22	龙冈灌区	6.94	6 900	3 450	3 450
	23	泾河灌区	10.04	10 000	5 000	5 000
	24	红旗河灌区	18.18	18 200	9 100	9 100
	25	孤山灌区	8.97	8 937	4 469	4 468
	26	高港灌区	9.80	9 800	4 900	4 900
	27	周山河灌区	29.87	29 000	14 500	14 500
		小计	198.08	188 408	94 205	94 203

表 7-2　2023—2025 年中型灌区估算投资及分年投资表

灌区类型		灌区名称	设计灌溉面积(万亩)	投资(万元)		
类型	序号			合计	2023年	2024年	2025年
		2023—2025年合计	614.26	1 285 139	437 530	437 528	410 081
一般中型灌区	1	下坝灌区	2.56	5 120	/	/	5 120
	2	三合圩灌区	2.28	4 560	/	/	4 560
	3	草场圩灌区	1.02	2 225	1 113	1 112	/
	4	羽山水库灌区	2.00	4 000	2 000	2 000	
	5	贺庄水库灌区	2.00	4 110	2 055	2 055	
	6	横沟水库灌区	4.00	8 000	/	/	8 000
	7	涟西灌区	4.65	11 950	5 975	5 975	
	8	王集水库灌区	1.50	4 140	/	/	4 140
	9	红领巾水库灌区	2.21	5 950	2 975	2 975	/
	10	花元灌区	2.54	6 841	/	/	6 841
	11	沿湖灌区	4.80	11 417	/	/	11 417
	12	朱桥灌区	3.54	7 080	/	/	7 080
	13	刘集红光灌区	3.66	7 320	3 660	3 660	/

101

续表

灌区类型		灌区名称	设计灌溉面积(万亩)	投资(万元)			
类型	序号			合计	2023年	2024年	2025年
一般中型灌区	14	秦桥灌区	1.83	3 660	1 830	1 830	/
	15	后马灌区	1.10	2 200	1 100	1 100	/
		合计	39.69	88 573	20 708	20 707	47 158
重点中型灌区	16	汤水河灌区	17.12	34 240	17 120	17 120	/
	17	石臼湖灌区	9.00	18 000	/	/	18 000
	18	金牛湖灌区	14.36	28 720	14 360	14 360	/
	19	大沙河灌区	24.70	49 400	24 700	24 700	/
	20	郑集南支河灌区	23.60	47 200	/	/	47 200
	21	上级湖灌区	11.78	33 561	16 781	16 780	
	22	五段灌区	7.80	15 600	/	/	15 600
	23	房亭河灌区	11.10	22 200	/	/	22 200
	24	沙集灌区	29.90	59 800	29 900	29 900	/
	25	民便灌区	8.60	21 533	/	/	21 533
	26	棋新灌区	16.46	32 920	16 460	16 460	/
	27	不牢河灌区	19.00	38 000	19 000	19 000	/
	28	焦港灌区	22.50	45 000	/	/	45 000
	29	如环灌区	8.10	16 200	8 100	8 100	/
	30	新通扬灌区	29.89	59 780	29 890	29 890	/
	31	叮当河灌区	20.60	57 350	28 675	28 675	/
	32	界北灌区	20.00	60 000	/	/	60 000
	33	淮涟灌区	10.37	26 512	13 256	13 256	/
	34	运西灌区	21.70	43 400	21 700	21 700	/
	35	三墩灌区	6.50	13 000	6 500	6 500	/
	36	临湖灌区	20.00	40 000	/	/	40 000
	37	黄响河灌区	18.64	3 7280	18 640	18 640	/
	38	陈涛灌区	22.00	44 000	22 000	22 000	/
	39	川南灌区	15.60	31 200	15 600	15 600	/
	40	东南灌区	10.96	21 920	/	/	21 920

续表

灌区类型		灌区名称	设计灌溉面积(万亩)	投资(万元)			
类型	序号			合计	2023 年	2024 年	2025 年
重点中型灌区	41	宝射河灌区	28.64	57 280	28 640	28 640	/
	42	三垛灌区	11.89	34 800	17 400	17 400	/
	43	三阳河灌区	11.80	23 600	11 800	11 800	/
	44	沿江灌区	9.56	23 270	/	/	23 270
	45	黄桥灌区	24.00	24 000	12 000	12 000	/
	46	皂河灌区	22.80	45 600	22 800	22 800	/
	47	淮西灌区	24.10	48 200	/	/	48 200
	48	新华灌区	21.50	43 000	21 500	21 500	/
合计			574.57	1 196 566	416 822	416 821	362 923

7.3 资金筹措

根据《省政府办公厅关于印发基本公共服务领域省与市县共同财政事权和支出责任划分改革方案的通知》(苏政办发〔2019〕19 号)文件精神,省级财政对我省一至六类地区分别补助 20％～70％。中型灌区改造属于公益性和准公益性的基础设施建设,社会效益显著,经济效益是间接的。因此,以政府投入为主导,建立多元化、多层次、多渠道的投融资机制,通过政策带动,社会联动,鼓励社会投资和吸引民间资本,共同参与项目建设和管理。加大财政对灌区建设投入力度,一方面,积极争取中央和各级政府的财政投入,另一方面,也要争取不同行业的专项资金,如农业综合开发项目、国土整治项目等的投入。要采取具体有效的措施,发挥行业优势,资金捆绑使用,避免重复投资,提高资金使用效率。

(1)建设资金坚持中央和地方共同事权的原则,积极争取中央财政投资补助,切实落实地方财政投入的责任,共同筹措工程建设资金。灌区骨干工程建设由各级水行政主管部门组织实施,田间工程建设由农业农村部门组织实施。

(2)积极落实管理改革中灌区专管机构的人员和运行经费,多渠道落实农业用水精准补贴和节水奖励资金,落实好灌区水费征收制度,确保工程良性运行和工程效益的发挥。

（3）鼓励和引导社会资本参与中型灌区节水配套改造与提档升级工程建设、运营管理。探索通过水权交易、灌区改造新增耕地指标交易等方式，筹集灌区节水配套改造与提档升级建设资金。

7.4 分期实施

规划总投资150.69亿元，分五年实施。根据建设任务是否明确，分为2021—2022年、2023—2025年2种情况。

一是建设任务已经明确。2021—2022年实施的灌区，水利部已下达建设任务，全省计划实施中型灌区27处、设计灌溉面积231.46万亩，均已编制《灌区总体方案》，并经省级审查后上报水利部，总投资22.18亿元。

二是建设任务暂未明确。2023—2025年实施的灌区，建设任务暂未明确。结合各地建设需求及《灌区规划》，计划实施中型灌区48处、设计灌溉面积614.26万亩，估算投资128.51亿元。

各灌区分年实施投资计划见表7-1，各年度实施情况汇总如表7-3所示。

表7-3 "十四五"中型灌区分年实施投资汇总表

序号	实施年份	灌区数量（处）	面积（万亩）	投资（亿元）	备注
1	2021	27	231.46	11.09	27个灌区分2年实施
2	2022			11.09	
3	2023	30	425.82	43.75	30个灌区分2年实施
4	2024			43.75	
5	2025	18	188.44	41.01	
	合　计	75	845.72	150.69	

8 实施评价

8.1 环境评价

8.1.1 评价依据及环境保护目标

1)评价依据

(1)《中华人民共和国环境影响评价法》;

(2)《建设项目环境保护管理条例》(2017年修订);

(3)《规划环境影响评价技术导则 总纲》(HJ 130—2019);

(4)《水利水电工程环境影响评价规范(试行)》(SDJ 302—88);

(5)《灌溉与排水工程设计规范》(GB 50288—2018)。

2)环境保护目标

通过采取预防或者减轻不良环境影响的对策措施,努力消除或降低不利影响至最低限度,充分发挥全省中型灌区建设项目对环境的有利影响,促进灌区工程与周围环境相互融合、相互协调;确保灌区建设有利于地区水土资源可持续利用、经济可持续发展、生态环境良性循环。

8.1.2 环境影响分析与评价

1)对环境的有利影响

(1)规划实施以后,贫瘠土壤肥力增加,土壤团粒结构改变,从而使得灌区增产,经济效益得以提高,为农业可持续发展奠定基础。同时,随着农业生产条件的改善,作物复种指数将会大幅度提高,经济作物种植面积将逐年增加,作物品种将由旱作低产品种向喜水高产品种转变,从而使灌区农村经济得到快速发展。

(2)规划实施以后,灌区平均灌溉水利用系数提高到0.65以上,将大大节约水资源,缓解了区域工农业用水矛盾,促进了水资源可持续利用。同时,在很大程度上也减少了灌区化肥、农药的面源对水体的污染,使农村的生态环境发生显著的改观,大大改善了农村的生活环境。

(3)规划实施以后,对灌区气候将产生有利影响。在田间小气候影响效应历时之内,春、夏、秋三季灌溉可使白天气温降低,夜间气温升高,空气相对湿度增大,地温降低,蒸发量减少;冬季可使地温增加,空气相对湿度增大,蒸发量增加,这些效应将增加农作物抗旱保墒能力,防止或减弱农业灾害性气象发生。另外,整个灌区经过统一规划和水土保持治理,灌区内林草覆盖率得以大大提高,改变了生态环境,形成局部小气候,使得灌区内生态环境逐渐趋于平衡,并促进灌区社会经济持续、健康、快速发展。同时,也给鸟类及昆虫的生存繁衍创造优良环境。

(4)排水沟道整治将大大改善灌区河道引排调蓄功能,减少因洪水泛滥、排水不畅造成的危害,从总体上减少因洪涝灾害而引发的环境问题;同时,沟道整治恢复了水体的自然风貌,水流通畅,水体自净能力提高,水陆气候相互调节能力增强,为区域经济的持续高速发展提供了良好的生态环境、社会环境和投资环境。

(5)对于利用地下水灌溉的灌区,通过有计划地开采地下水,可增加地下水垂直径流排泄的循环次数,增加土壤、空气湿度,植被增多,有效改善农田小气候,有利于发展农业生产。

2)对环境的不利影响

(1)对水环境的影响

工程建设期间,由材料运输、混凝土拌合、施工现场的雨水径流等产生的施工废水和施工人员的生活污水难以统一管理,对施工工地附近水域将造成一定程度的影响,使得水体中悬浮物和有机污染物增加。

在施工期间应将排放的大量施工生产污水和施工人员生活污水通过一级或二级处理,处理达标后排放,以减少对水环境的污染。另外,由于施工期时间不长,施工场地分散,因此影响是暂时的,在工程竣工后,不利影响将逐步消失。

(2)施工开挖与弃土对环境的影响

在规划工程项目施工过程中,由于建筑物基坑开挖、输水管道铺设而产生的弃土、弃渣等,若不采取措施、任意堆放将引起水土流失,影响周围居民正常生活。施工中应对弃土周边采取保护措施,在施工过程中及时清理垃圾及剩余建筑材料,恢复原有环境,尽量减少对周边环境的影响。

施工期间,骨干沟渠清淤整治产生的大量淤泥如不及时清理,极易对环境造成二次污染,散发的气味影响空气质量,降雨时,淤土再次流失进入附近河道或污染路面,淤土风干后也易在风力作用下产生风沙。

(3)施工噪声、废气对环境的影响

施工噪声主要来自施工机械以及施工辅助生产企业,废气主要来自施工现场燃油施工机械和机动车辆的尾气、水泥和泥石料的运输装卸及混凝土中产生的粉尘。噪声、废气和粉尘可能会对周围大气、声环境质量、人群身体健康和日常生活带来一些不利影响。由于大量施工,运输车辆进出对交通将产生一定的压力。

3) 环境影响评价结论

从上述灌区改造工程建设的有利影响和不利影响分析结果来看,灌溉工程体系的健全发展和良性运行可以改善灌区人民的生产条件、生活质量和生态环境。只要工程建设单位将各项环保设施落实到位,严格执行国家有关环境质量标准,加强施工期间的防护,不利影响是暂时的、可以缓解或者避免的,工程建设从环保角度看是完全可靠的,不存在制约工程兴建的环境问题,完全可以做到环境效益和经济效益相得益彰。因此,从环境角度分析,规划对生态环境的影响利大于弊,规划是可行的。

8.1.3 环境保护对策

针对灌区建设项目对环境产生的不利影响,在工程建设过程中,应提高环保意识,加强环境保护,提出以下预防或减轻不良环境影响的对策与措施:

(1) 合理规划、布置,减少工程占地;加强水土流失治理,对于施工期间的临时占地,在工程结束后进行植被恢复。

(2) 坚持土地的用养结合,增加有机肥施用量,少施化肥;对质地比较黏重的土壤,通过采用生物改土措施进行培肥,改善土壤理化性质,提高土壤肥力。

(3) 农业生产中合理使用化肥和农药。选择高效、低毒、低残留、半衰期短的农药品种,减少农田弃水对水环境的污染。工业废水统一收集,经沉淀池处理后,用于施工区降尘洒水。修建防渗厕所,将生活污水排入其中。

(4) 施工期尽量采用罐车运输物料,不能罐装的用篷布遮挡,防止物料洒落。施工区的扬尘、粉尘可通过洒水降尘减免;途经村屯附近的扬尘量可通过减缓车辆行驶速度降低。尽量选用低污染物排放的高质量燃油,并通过尾气净化装置减少施工机械及车辆对大气环境的影响。

(5) 施工时尽量采用低噪声的设备,并加强机械设备的维护与保养。运输车辆行经居民区时应限速行驶,并禁止鸣笛。运行期将水泵、机电设备布设在封闭性好、隔音效果强的泵房及设备间内,设置值班人员操作间。对于接触高噪声设备的操作人员,提供必要的劳动保护用品,减少噪声对操作人员健康的威胁。

(6) 在工程施工前应对施工区进行清理消毒,为施工人员提供较好的居住条件和生活条件,搞好施工区卫生,有效预防各类传染性、流行性疾病的爆发流行,加强施工人员的卫生防疫,杜绝肝炎患者、携带者及其他严重传染病患者等进入施工队伍。

(7) 加强环境管理和水资源保护,防止水资源受到污染。保护现有农田防护林,杜绝乱砍滥伐,防止发生水土流失。施工期间应避免伤害鸟类兽类等动物,保护生物多样性,保护区域生态环境。

8.2 水土保持

认真贯彻"预防为主、全面规划、综合防治、因地制宜、加强管理、注重实效"的水土保持方针,合理配置生物与工程、临时性与永久性措施,以形成有效的防治体系,保护和合理利用资源;坚持与主体工程同时设计、同时施工、同时投产使用的"三同时"政策;坚持综合治理与绿化美化相结合,实现生态、经济和社会效益同步协调发展。通过在施工区全面布置水土保持工程措施和生物措施,使原有的水土流失得到基本控制,工程水土流失治理程度达到98%以上,因工程建设损坏的水土保持设施恢复到90%以上。工程建设完成后,对建设过程中损坏的植被进行恢复。

1) 水土流失的危害

水土流失是在水力、风力、重力、冻融等自然外界力或人类活动等作用下,水土资源和土地生产力的破坏和损失,包括土地表层侵蚀和水土损失。其造成的危害主要为:

(1) 破坏土地资源,土壤颗粒表面的营养物质在径流和土壤侵蚀作用下,随径流泥沙向下游输移,从而造成养分损失,养分流失后土壤日益贫瘠、土壤肥力和土地生产力降低;

(2) 随着水土流失,土壤颗粒输移至下游河道,造成河湖淤积,缩窄过水断面、减小防洪库容,影响防洪安全;

(3) 水土流失和面源污染密切相关,水土流失在输送大量径流与泥沙的同时,也将各类污染物输送到河流、湖泊、水库,造成面源污染,土壤侵蚀与富营养化是自然现象,但不合理的人类活动加速此过程时就会导致水质恶化。

2）水土流失现状

沿江高沙土区的灌区,土质松散,黏结力弱,抗蚀性差,且灌区多为土质沟河,每逢暴雨易产生土壤侵蚀,造成水土流失,容易造成河道及沟道的岸坡坍塌、淤积和淤塞,削弱河道正常的引排、调蓄等功能。灌区工程建设过程中,由于场地的开挖和平整,必然扰动原地表形态,损坏原地表土壤、植被,并形成松散的土石及边坡,降低表层土壤的抗蚀性,易造成新的水土流失。

3）水土保持措施

各灌区改造方案中充分考虑水土保持措施,在生态修复及生态走廊、工程措施等生态系统建设中营造多样化的水土保持林草措施体系,保护了土地资源,减少了可能产生的水土流失数量,也对水土保持、生态环境保护有利,符合水土保持要求。灌区改造中,需综合考虑水土流失治理任务,治理策略是:改良土壤,保护农田,大力推进高标准农田建设,加强农田林网建设和河道、沟渠边坡防护,控制水土流失,保护土壤资源,防治面源污染,维护水质安全。针对水力侵蚀、重力侵蚀,主要进行河道整治、边坡防护。规划水土流失防治措施体系,结合工程特点、当地自然条件,针对灌区水土流失特征及危害,从实际出发,采用点、线、面相结合,全面治理与重点治理相结合,防治与监督相结合的办法,因地制宜、因害设防。按工程措施、植物措施和临时防护措施进行布设,从保护生态环境,有效防治水土流失的目的出发,合理配置各项防治措施,建立科学完善的水土保持防治体系,达到水土流失综合防治和生态环境保护的目的。

(1) 工程措施

表土剥离及回覆。表土是很珍贵的资源,对 30 cm 厚的表土进行剥离,剥离的表土后期回填于林草种植处。

生态护坡。生态护坡在满足边坡稳定、水流冲刷的基础上,最大程度保持水与土的物质、能力交换,具有良好的水土保持、环境保护效益。

(2) 植物措施

规划生态体系建设中有大量的植物设计,可起到稳固堤岸,防止水流的冲刷和侵蚀,减少面蚀及溅蚀,保持水土的作用。

(3) 临时措施

临时苫盖。临时苫盖可以有效减少施工过程中土壤的流失,降低扬尘对周边环境的污染,具有很好的水土保持作用。

临时拦挡。对临时堆土四周采用临时拦挡可以有效减少施工过程中土壤的流失,减少对周边环境的污染。

临时排水沟及沉砂池。临时排水沟、沉砂池可以有效减少施工过程中的土壤流失,具有很好的水土保持作用。

8.3 实施效果

《规划》的实施,可全面提升灌区基础设施水平,改善灌区农业生产基本条件、水资源状况和生态环境,促进农业增产、农民增收,保障粮食生产安全,改善农村生产生活条件,推动经济持续稳定健康发展,将产生显著的经济效益、环境效益和社会效益。《规划》实施后,75 处灌区累计新增灌溉面积 14.00 万亩,恢复灌溉面积 86.70 万亩,改善灌溉面积 391.91 万亩,改善排涝面积 357.30 万亩,新增供水能力 32 593 万 m^3,年新增节水能力 22 693 万 m^3,年增粮食产量 25 916 万 kg。

8.3.1 经济效益

增产增收。由于水资源的短缺,许多耕地仍然"靠天收"或用水成本高,生产条件差,产量低而不稳,丰产而不增收,严重影响农民种田积极性。通过工程建设,特别是节水灌溉工程的兴建,可以较大幅度地提高灌溉水利用系数,从而节约灌溉用水量,也相应地提高农田灌溉保证率,增强农作物抗御水旱灾害的能力,保证农作物的高产稳产,提高作物水分生产率;先进灌水技术的使用,可大大地促进农业结构的调整,为高效农业的发展奠定基础,能够适时、适量地满足作物对水的需求,灌溉均匀度高,既能提高作物产量,又能保证产品品质,增加农民收入。

节地效益。田间节水灌溉工程的兴建,可以较大幅度地减少渠道占地率,提高耕地利用率,从而产生较大的节地效益。据相关研究测定和分析,渠道衬砌防渗与土渠相比节省土地 1%～2%,低压管道、喷微灌工程与渠道衬砌相比,可节省耕地 2%～3%。

节水效益。农业用水的节省主要表现在能源的节约,从而产生节能效益。由于灌溉水利用系数提高,农田的用水量大为减少。全省中型灌区灌溉水利用系数从现状 0.58 提高到 0.61,每年将节省大量的抽水能耗,产生可观的节水效益。

省工效益。渠道防渗工程、低压管道灌溉工程和喷微灌工程等先进节水工程技术的运用，每年可以节省大量土渠的整治用工。与土渠相比，一般平均可节省用工 50%~60%。

减污效益。灌区灌排体系的完善，特别是农业节水工程与技术的运用，可实现农田水、肥、药的高效利用，减少田间水、肥、药向河道的排放和流失，同样也减少了肥料和农药向地下水的入渗和迁移，有效地保护了周边水环境；同时，农业灌溉用水量的大量减少，使河道环境用水量增加，增加河水的纳污能力和自净能力，有利于水环境质量的提高。另外，农业节水灌溉可以减少地下水的抽取量，对防止地下水的超采和恶化起到非常积极的作用。

8.3.2 环境效益

随着《规划》的实施，将进一步减少抽引江、河、湖水量，增加水体环境容量，提高水体的自净能力，减少地下水的超采和减轻地下水的恶化，不但保护了水环境，而且增加了可利用的洁净水源。同时，项目的实施，可使田、林、路和灌溉系统得到统一规划，田间工程进一步配套完善。另外，发展管道输水灌溉可以避免对农田自然生态的破坏，极大地改善农田生态条件和环境质量。

8.3.3 社会效益

《规划》的实施除了具有巨大的经济与生态环境效益，还具有深远的社会效益。

（1）推进农业结构调整，加快发展农业生产。随着农业结构战略性调整和高效农业、现代农业的发展，对以水为重点的生产条件提出了全新的要求。一方面，农业结构调整对灌溉的高效性和先进性提出了更高的目标，客观上推动了全省灌区建设的发展；另一方面，先进的灌溉技术可以为农业结构调整提供良好的基础条件，加快农业结构调整的步伐，促进传统农业向现代农业的转变。

（2）加快农业基础设施的建设，改善农业生产条件，保障粮食安全。农业现代化建设的不断深入对农田水利建设提出了越来越高的要求。规划的实施，可以进一步改善全省农田水利基本建设与经济发展相适应的状况，促进全省农业灌溉再上新台阶，这对加快农业基础设施建设、改善农业生产条件起到巨大的促进作用；同时，可以最大限度地提高农田水分生产率和粮食产出率，稳定和促进农业生产，解决江苏省人口多、耕地少的矛盾，保障粮食安全。

（3）推动经济社会全面发展，保障人民生活用水安全。随着经济社会的飞速发展,工业、旅游、交通、生态及人民生活用水的总量急剧增长。规划的实施,降低了农业用水定额,农业灌溉用水量比例逐步下降,可以缓解农业与工业、城市及乡村争水矛盾,增加交通、旅游和环境生态用水量。水资源的短缺对江苏省经济发展的严重制约可以得以缓解。同时,规划的实施,将有效地提高农业生产水平,对推动全省社会经济的全面发展与可持续发展具有十分重要的意义。

(4)完善管理体制,实现灌区管理现代化。在建设灌溉工程的同时,加强农业用水管水体制改革。建立完善的管理体制与人事分配体制,确立水管理部门的权限与义务,更好地为农业供水服务;与此同时,全面实行总量控制、定额管理,加强用水计量,改革现行的水价政策,形成自我积累、自我发展的良性循环机制。以完善的体制与法规,实现以法治水,转变人们陈旧的用水观念与管理理念,加快江苏灌区现代化步伐。

9 保障措施

9.1 加强组织领导

针对江苏省中型灌区续建配套与节水改造规划涉及面广、工程投资大的实际情况,全省各级政府、部门要高度重视,并把中型灌区建设摆在农村水利建设的突出位置,从政策、资金、技术等各方面予以扶持,加强规划衔接,强化宣传引导,凝聚全社会力量,形成全民共识、齐抓共管、合力推进的格局,确保中型灌区续建配套与节水改造规划顺利推进。

省级成立专门的领导小组,负责全省中型灌区规划的编制与实施,定期部署、督促和检查以推动各地工作进程。充分发挥政府在方案编制、资金筹集、体制机制创新等方面的主导作用,加强组织协调和监督检查,建立绩效考核和激励奖惩机制。各级政府、部门要把中型灌区规划的编制与实施作为重点工作来抓,建立健全政府领导牵头负责,水利、财政、农业、自然资源、住建等部门协同配合、各负其责的工作机制,制定规划、落实措施、抓出成效。要把灌区建设管理作为民生水利工程来抓,主要负责人要亲自过问,分管负责人全力抓,把灌区建设管理各项任务分解到岗位、环节和步骤,层层传导压力,推动各项工作落实落细。组织社会公众参与,民主决策,宣传和引导社会公众参与规划实施的全过程。

9.2 严格项目管理

为了保障规划的顺利实施,需保持政策的稳定性和连续性,充分发挥"集中投入、整合资金、竞争立项、连片推进"等建设管理模式的优势,以渠系工程配套改造、信息化建设、沟渠生态建设、水稻节水灌溉技术推广为重点,结合高标准农田水利建设、农村河塘整治和水系连通、渠系配套改造、高效节水灌溉等,实施中型灌区续建配套与节水改造。实行项目申报制,坚持竞争立项,公正、公开和公平遴选项目,激发受益区政府和农民积极性,增强技术、资金保障能力。各级人民政府要采取有效措施,建立健全各项规章制度,加强计划管理和项目全程管理,确保资金到位和工程质量。同时,地方发展改革、财政、国土、税务等部门应出台相应的优惠政策,以保障规划的顺利实施。

规划需参照基本建设程序,推行招投标制、项目法人制、工程建设监理制和合同管理制，进一步加强对灌区工程建设市场的监管，建立健全具有法人地位的项目建设责任主体，逐步建立水利市场准入制度、市场主体信用体系、工程质量安全监督体系，完善合同管理制、竣工验收制，推行质量体系认证与设计招标制度，保证项目按质、按工期、按投资完成；并对已完成的工程量进行验收、签证、整理竣工资料；项目完成后，与项目相关的文件、技术档案、资金使用报告、图片（含影像资料）及验收文件应及时归档，由专人负责整理保管。

9.3 完善投入机制

强化中型灌区的基础性和公益性，以及在实施乡村振兴战略中的重要地位，突出政府主导地位，切实把中型灌区建设纳入公共财政投入优先保障领域，进一步加大财政投入，用好用足金融支持政策，多方筹集资金。省市县各级政府要全面落实政府可用财力、水利建设资金等各项用于灌区建设的投入政策，逐步增加各级政府预算内用于灌区建设的资金，建立长期稳定的政府投入机制。同时要加大对灌区工程运行管理的财政支持，足额落实灌区管理人员经费和工程维修养护经费，保障工程的正常有效运行。

强化财政投入的撬动作用，建立政府和市场有机结合的投入机制，引入社会资本开展项目建设，调动农民、农村集体经济组织、农民用水合作组织、新型农业经营主体等，加大灌区建设与管理的投入，可采取"以奖代补、先建后补"等方式对其按照规划和标准开展工程建设与管护给予财政补助。按照谁投资、谁建设、谁所有、谁受益的原则，转变观念，将单纯依靠水利部门办水利转变为全社会办水利；将单纯依靠财政拨款办水利转变为拨款、贷款、群众自筹资金办水利；改变无偿投入为有偿投入，加快水利投资结构和投资机制改革，做到受益者合理负担与政府扶持相结合，以进一步完善多层次、多元化、多渠道的灌区投入机制。

9.4 强化人才保障

优化人才结构。各地需加快灌区人才队伍建设，优化水利党政人才、专业技术人才、技能人才、管理人才队伍结构，进一步改善基层水利人才队伍专业结构，建立基层人才激励机制，鼓励专业人才到基层灌区管理单位锻炼服务，着力解决当前灌区管理单位人才严重紧缺问题。

强化队伍管理。落实定岗、定人、定责措施,灌区管理体制上需打破目前现有的松散型管理体系,积极推行"灌区管理所＋用水者协会＋专业化服务组织"的新型紧密型管理体系,逐步形成政府扶持、用水户参与、专业队伍管护的管理体制,逐步形成政策引导、社会化服务支持、用水户自主管理的运行机制。

加强教育培训。建立技术人才培训机制,围绕灌区建设管理目标,制定职工教育培训规划,不断调整、优化和加强职工教育培训的内容,建立职工学习考核制度、学习教育鼓励制度、职称评聘制度、技术创新奖励制度等,健全鼓励职工学习钻研的激励机制。建立健全以财政投入为主,单位、个人和社会相结合的多元化人才发展培训投入机制,加大对水利人才发展的培养投入,提高人才效率,打造并保护灌区建设管理技能中坚。

9.5 提升科技水平

各级政府要把农田水利关键技术研发、技术创新和技术推广列入当地科技发展计划,加大灌区关键技术研究和推广力度,推动科技创新与成果转化,解决建设和管理的重大问题,逐步提高规划设计、建设管理、建后运行的科技水平。建立健全以基层水利、农技服务组织为主体,科研、高校、企业、管理单位广泛参与,政府扶持和市场引导相结合的科技服务推广平台,研究、开发、推广农田水利工程最新成果(包括新结构、新材料、新工艺、新技术及新型量水设施等,特别是装配式建筑物、生态渠道和高效节水灌溉等方面的发明、实用新型成果),并为灌区建设管理提供科技咨询、项目评估和技术服务,开拓水利科技成果转化与应用市场,推动现有科技成果转化为生产力。

加强灌溉试验及其成果应用,结合项目建设、工程管理和改革创新,抓好政策法规、技术标准、关键技术、现代科技等培训工作,切实提升灌区建设管理支撑能力。大力发展灌区信息化技术,研究开发灌区信息化管理平台,构建包括水源工程、骨干灌排沟渠与配套工程、田间工程、管理体制等子模块组成的灌区数据信息库,全面推行规划、设计、建设、投资、管理、运行、监测等信息化管理,实现数据上报审核、项目申报审批、数据查询浏览、数据统计分析、电子地图查询等方面的信息化、数字化管理,不断提高灌区建设管理信息化和现代化水平。

附表

附表 1　江苏省中型灌区基本信息表

灌区类型	序号	灌区名称	设计灌溉面积(万亩)	建成开灌时间	水源工程类型	农业供水	工业供水	生活供水	生态供水	防洪	除涝	发电	地貌类型	有效灌溉面积(万亩)	2018—2020年平均实灌面积(万亩)	节水灌溉面积(万亩)总计	渠道防渗	高效节水灌溉面积	粮食作物	经济作物	行政隶属	所在地市	受益县区	是否属于原832个国家级贫困县范围	是否产粮大县
1	2	3	4	5	6	7	8	9	10	11	12	13	14	15	16	17	18	19	20	21	22	23	24	25	26
南京市			212.98											183.22	181.00	129.27	104.26	25.01							
重点中型灌区	1	横溪河一赵村水库灌区	13.91	1960s	泵站	√							丘陵	13.91	13.91	10.40	8.49	1.92		10	县管	南京	江宁	否	否
	2	江宁河灌区	10.19	1960s	水库	√		√		√			丘陵	10.19	10.19	7.62	6.22	1.41	90	10	县管	南京	江宁	否	否
	3	汤水河灌区	17.12	1970s	泵站	√				√	√		丘陵	14.68	14.68	10.98	8.95	2.03	70	30	县管	南京	江宁	否	否
	4	周岗圩灌区	7.61	1960s	堰闸	√					√		圩垸	6.87	6.87	5.14	4.19	0.95	70	30	县管	南京	江宁	否	否
	5	三汊灌区	9.42	1989	水库	√		√					丘陵	5.95	5.95	4.00	4.00	0.00	90	10	县管	南京	浦口	否	否
	6	侯家坝灌区	5.40	1960s	泵站	√							丘陵	2.87	2.87	1.83	1.23	0.60	25	75	县管	南京	溧水	否	否
	7	洙湖灌区	8.91	1960s	泵站	√				√	√		丘陵	8.91	8.90	5.66	3.12	2.54	40	60	县管	南京	溧水	否	是
	8	石臼湖灌区	9.00	1960s	堰闸	√			√	√	√		圩垸	9.00	9.00	5.72	3.15	2.57	30	70	县管	南京	高淳	否	是
	9	永丰圩灌区	7.15	1960s	堰闸	√				√	√		圩垸	1.80	1.80	1.17	1.04	0.12	20	80	县管	南京	六合	否	否
	10	新禹洪灌区	16.00	1960s	泵站	√				√	√		丘陵	15.00	13.04	11.66	10.65	1.01	20	80	县管	南京	六合	否	否
	11	金牛湖灌区	14.36	1960s	水库	√	√	√	√				丘陵	12.74	12.74	9.90	9.05	0.85	88	12	县管	南京	六合	否	否
	12	山湖灌区	28.00	1960s	泵站	√				√	√		丘陵	22.00	22.00	17.09	15.62	1.47	85	15	县管	南京	六合	否	否
一般中型灌区	13	东阳万安圩灌区	4.98	1970s	堰闸	√					√		圩垸	3.95	3.95	2.95	2.41	0.55	90	10	县管	南京	江宁	否	否
	14	五圩灌区	1.50	1960s	堰闸	√							圩垸	1.43	1.43	1.07	0.87	0.20	70	30	县管	南京	江宁	否	否
	15	下坝灌区	2.56	1970s	泵站	√							丘陵	2.38	2.38	1.78	1.45	0.33	70	30	县管	南京	江宁	否	否
	16	堡辉洪幕灌区	2.04	1960s	泵站	√							圩垸	2.04	2.04	1.53	1.24	0.28	15	85	县管	南京	江宁	否	否
	17	三合圩灌区	2.28	2008	堰闸	√				√	√		圩垸	2.28	2.28	1.50	1.00	0.50	80	20	县管	南京	浦口	否	否
	18	石桥灌区	1.41	1980s	堰闸	√							丘陵	1.27	1.27	0.81	0.55	0.27	60	40	县管	南京	浦口	否	否
	19	北城圩灌区	1.15	1960s	堰闸	√					√		圩垸	1.15	1.15	0.73	0.49	0.24	50	50	县管	南京	浦口	否	否
	20	草场圩灌区	1.02	1960s	堰闸	√					√		圩垸	1.02	1.02	0.65	0.44	0.21	40	60	县管	南京	浦口	否	否

江苏省"十四五"中型灌区续建配套与节水改造规划

续表

灌区类型	序号	灌区名称	设计灌溉面积（万亩）	建成开灌时间	水源工程类型	农业供水	工业供水	生活供水	生态供水	防洪	除涝	发电	地貌类型	有效灌溉面积（万亩）	2018—2020年平均实灌面积（万亩）	节水灌溉面积总计（万亩）	渠道防渗	高效节水灌溉面积	粮食作物	经济作物	行政隶属	所在地市	受益县区	是否属于原832个国家级贫困县范围	是否产粮大县
1	2	3	4	5	6	7	8	9	10	11	12	13	14	15	16	17	18	19	20	21	22	23	24	25	26
一般中型灌区	21	浦口沿江灌区	4.23	2009	堰闸	√				√	√		圩垸区	3.69	3.69	2.00	2.00	0.00	70	30	县管	南京	浦口	否	否
	22	浦口沿滁灌区	4.86	2006	堰闸	√		√		√	√		圩垸区	4.69	4.69	2.50	2.50	0.00	80	20	县管	南京	浦口	否	否
	23	方便灌区	4.80	1960s	水库	√							丘陵	4.80	4.80	3.05	1.68	1.37	70	30	县管	南京	溧水	否	是
	24	卧龙水库灌区	3.84	1970s	水库	√							丘陵	3.80	3.80	2.41	1.33	1.08	60	40	县管	南京	溧水	否	是
	25	无想寺灌区	2.03	1960s	水库	√							丘陵	2.00	2.00	1.27	0.70	0.57	10	90	县管	南京	溧水	否	是
	26	毛公铺灌区	1.61	1960s	泵站	√							丘陵	1.60	1.60	1.02	0.56	0.46	90	10	县管	南京	溧水	否	是
	27	明觉环山河灌区	1.13	1960s	水库	√							丘陵	1.05	1.05	0.67	0.37	0.30	70	30	县管	南京	溧水	否	是
	28	麟山头水库灌区	1.80	1970s	水库	√							丘陵	1.30	1.11	0.83	0.46	0.37	80	20	县管	南京	溧水	否	是
	29	新桥河灌区	4.00	1960s	堰闸	√					√		圩垸	4.00	4.00	2.54	1.40	1.14	20	80	县管	南京	江北	否	否
	30	长城圩灌区	1.06	1970s	堰闸	√			√		√		圩垸	0.86	0.86	0.69	0.52	0.16	60	40	县管	南京	江北	否	否
	31	玉带圩灌区	2.80	1960s	堰闸	√					√		圩垸	1.21	1.21	0.97	0.74	0.23	30	70	县管	南京	江北	否	否
	32	延佑双城灌区	2.27	1960s	堰闸	√							圩垸	1.42	1.42	1.14	0.87	0.27	10	90	县管	南京	高淳	否	否
	33	相国圩灌区	3.00	1940s	堰闸	√					√		平原	2.70	2.70	1.75	1.57	0.18	20	80	县管	南京	高淳	否	否
	34	永胜圩灌区	2.31	1960s	堰闸	√					√		平原	2.15	2.15	0.91	0.46	0.45	10	90	县管	南京	高淳	否	否
	35	胜利圩灌区	1.55	1960s	堰闸	√					√		平原	1.46	1.46	0.61	0.61	0.00	10	90	县管	南京	高淳	否	否
	36	保胜圩灌区	1.15	1960s	堰闸	√					√		平原	1.15	1.10	0.15	0.15	0.00	10	90	县管	南京	高淳	否	否
	37	龙袍圩灌区	4.19	1960s	堰闸	√				√	√		圩垸	4.10	4.10	3.19	2.91	0.27	92	8	县管	南京	六合	否	否
	38	新集灌区	2.35	1960s	堰闸	√							平原岗地	1.80	1.80	1.40	1.28	0.12	83	17	县管	南京	六合	否	否
无锡市														1.60	1.60	0.80	0.80	0.00							
一般中型灌区	39	溪北圩灌区	1.60	2007	泵站	√				√	√		圩垸区	1.60	1.60	0.80	0.80	0.00	95	5	县管	无锡	宜兴	否	是
徐州市			654.20											562.04	513.44	368.49	314.01	54.48							

124

续表

灌区类型	序号	灌区名称	设计灌溉面积（万亩）	建成开灌时间	水源工程类型	灌区功能 农业供水	工业供水	生活供水	生态供水	防洪	除涝	发电	地貌类型	有效灌溉面积（万亩）	2018—2020年平均实灌面积（万亩）	节水灌溉面积（万亩）总计	其中 渠道防渗	高效节水灌溉面积	灌溉作物结构占比（%）粮食作物	经济作物	行政隶属	所在地市	受益县区	是否属于国家832个国家级贫困县范围	是否属于产粮大县
1	2	3	4	5	6	7	8	9	10	11	12	13	14	15	16	17	18	19	20	21	22	23	24	25	26
重点中型灌区	40	复新河灌区	29.60	1975	泵站	√					√		平原	26.05	20.84	17.09	12.50	4.58	81	19	县管	徐州	丰县	否	否
	41	四联河灌区	22.50	1999	泵站	√			√		√		平原	19.80	15.84	12.99	9.50	3.48	50	50	县管	徐州	丰县	否	否
	42	苗城灌区	17.20	1982	水库	√			√		√		平原	12.10	12.10	7.94	5.81	2.13	85	15	县管	徐州	丰县	否	否
	43	大沙河灌区	24.70	1989	泵站	√		√	√		√		平原	21.74	17.39	14.26	10.44	3.83	78	22	县管	徐州	丰县	否	否
	44	郑集南支河灌区	23.60	1997	泵站	√			√		√		平原	20.77	16.61	13.63	9.97	3.66	61	40	县管	徐州	丰县	否	否
	45	灌婴灌区	10.69	1978	泵站	√					√		平原	9.49	9.49	6.90	5.60	1.30	60	40	县管	徐州	沛县	否	否
	46	侯阁灌区	20.47	1976	堰闸	√			√		√		平原	18.87	18.42	8.20	6.70	1.50	50	50	县管	徐州	沛县	否	否
	47	邹庄灌区	19.97	1978	泵站	√			√		√		平原	18.77	17.97	8.10	7.00	1.10	60	40	县管	徐州	沛县	否	否
	48	上级湖灌区	11.78	1988	泵站	√			√		√		平原	10.22	10.22	9.00	8.60	0.40	80	20	县管	徐州	沛县	否	否
	49	胡寨灌区	8.67	1985	泵站	√			√		√		平原	8.31	7.80	7.10	6.80	0.30	85	15	县管	徐州	沛县	否	否
	50	苗注灌区	13.38	1984	泵站	√			√		√		平原	11.51	11.51	9.20	8.50	0.70	95	5	县管	徐州	沛县	否	否
	51	沛城灌区	14.22	1986	泵站	√			√		√		平原	12.62	12.62	7.20	6.60	0.60	65	35	县管	徐州	沛县	否	否
	52	五段灌区	7.80	1986	泵站	√			√		√		平原	6.50	6.50	5.80	5.30	0.50	80	20	县管	徐州	沛县	否	否
	53	陈楼灌区	17.52	1985	泵站	√			√		√		平原	15.80	15.77	10.50	9.80	0.70	95	5	县管	徐州	沛县	否	否
	54	王山站灌区	29.60	1970	泵站	√							平原	28.00	26.13	16.91	13.44	3.47	72	28	县管	徐州	铜山	否	是
	55	运南灌区	18.20	1965	堰闸	√							平原	18.05	18.05	10.90	8.66	2.24	92	8	县管	徐州	铜山	否	是
	56	郑集河灌区	29.00	1970	堰闸	√							平原	28.00	22.42	16.91	13.44	3.47	70	30	县管	徐州	铜山	否	是
	57	房亭河灌区	11.10	1970	泵站堰闸	√							平原	7.20	6.43	4.35	3.46	0.89	70	30	县管	徐州	铜山	否	是
	58	马坡灌区	5.50	1970	堰闸	√							平原	5.20	5.20	3.14	2.50	0.64	70	30	县管	徐州	铜山	否	是
	59	丁万河灌区	9.02	1970	泵站	√							平原	6.82	4.85	4.12	3.27	0.85	70	30	县管	徐州	铜山	否	是
	60	湖东滨湖灌区	11.20	1970	泵站	√							平原山区	6.90	2.33	4.17	3.31	0.86	70	30	县管	徐州	铜山	否	是

续表

灌区类型	序号	灌区名称	设计灌溉面积（万亩）	建成开灌时间	水源工程类型	灌区功能 农业供水	灌区功能 工业供水	灌区功能 生活供水	灌区功能 生态供水	灌区功能 防洪	灌区功能 除涝	灌区功能 发电	地貌类型	有效灌溉面积（万亩）	2018—2020年平均实灌面积（万亩）	节水灌溉面积（万亩）总计	节水灌溉面积 渠道防渗	节水灌溉面积 其中 高效节水灌溉面积	灌溉作物结构占比(%) 粮食作物	灌溉作物结构占比(%) 经济作物	行政隶属	所在地市	受益县区	是否属于原832个国家级贫困县范围内	是否属产粮大县
1	2	3	4	5	6	7	8	9	10	11	12	13	14	15	16	17	18	19	20	21	22	23	24	25	26
重点中型灌区	61	大运河灌区	11.48	1970	泵站	√							平原	9.40	9.40	6.93	5.51	1.42	70	30	县管	徐州	铜山	否	是
	62	奎河灌区	6.02	1970	堰闸	√							平原	5.70	5.12	3.44	2.74	0.71	70	30	县管	徐州	铜山	否	是
	63	高集灌区	15.00	1989	泵站	√			√		√		平原	10.40	9.80	7.77	7.38	0.38	78	22	县管	徐州	睢宁	否	是
	64	黄河灌区	29.90	1973	泵站	√			√		√		平原	22.40	22.40	13.00	11.50	1.50	76	24	县管	徐州	睢宁	否	是
	65	关庙灌区	10.00	1975	水库	√			√		√		平原	7.50	7.50	6.70	6.20	0.50	78	22	县管	徐州	睢宁	否	是
	66	庆安灌区	9.30	1959	泵站	√			√		√		平原	6.80	6.80	8.50	7.50	1.00	75	25	县管	徐州	睢宁	否	否
	67	沙集灌区	29.90	1984	泵站	√			√		√		平原	22.40	22.40	16.80	16.50	0.30	79	21	县管	徐州	睢宁	否	否
	68	岔河灌区	29.50	1991	堰闸	√			√		√		平原	28.00	23.15	16.21	14.35	1.85	80	20	县管	徐州	邳州	否	否
	69	银杏湖灌区	14.20	1995	泵站	√			√		√		平原丘陵	12.00	9.00	8.54	7.56	0.98	10	90	县管	徐州	邳州	否	否
	70	邳城灌区	23.50	1982	堰闸	√			√		√		圩垸	23.00	18.00	12.60	11.16	1.44	30	70	县管	徐州	邳州	否	否
	71	民便河灌区	8.60	1960	泵站	√			√		√		平原	8.60	8.50	5.95	5.27	0.68	90	10	县管	徐州	新沂	否	是
	72	沂运灌区	13.00	1968	堰闸	√			√		√		平原丘陵	9.50	9.50	5.20	5.20	0.00	75	25	县管	徐州	新沂	否	是
	73	高阿灌区	12.00	1966	水库	√			√		√		丘陵	12.00	12.00	8.78	7.68	1.10	65	35	县管	徐州	新沂	否	是
	74	棋新灌区	16.46	1968	堰闸	√			√		√		平原丘陵	14.80	14.80	10.83	9.47	1.36	60	40	县管	徐州	新沂	否	是
	75	沂冰灌区	25.42	1971	泵站	√			√		√		丘陵	22.92	22.92	10.20	10.20	0.00	68	32	县管	徐州	新沂	否	是
	76	不牢河灌区	19.00	1970	河湖	√			√		√		丘陵平原	14.50	14.50	12.69	10.73	1.96	80	20	县管	徐州	贾汪	否	否
	77	东风灌区	5.00	1976	河湖	√			√		√		丘陵	2.00	1.75	1.75	1.48	0.27	95	5	县管	徐州	贾汪	否	否
	78	于姚河灌区	5.00	1955	泵站	√			√		√		丘陵	3.50	3.50	3.06	2.59	0.47	95	5	县管	徐州	贾汪	否	否

续表

灌区类型	序号	灌区名称	设计灌溉面积(万亩)	建成开灌时间	水源工程类型	农业供水	工业供水	生活供水	生态供水	防洪	除涝	发电	地貌类型	有效灌溉面积(万亩)	2018—2020年平均实灌面积(万亩)	节水灌溉面积(万亩)总计	渠道防渗	高效节水灌溉面积	粮食作物	经济作物	行政隶属	所在地市	受益县区	是否属于国家832个国家级贫困县范围	是否产粮大县
1	2	3	4	5	6	7	8	9	10	11	12	13	14	15	16	17	18	19	20	21	22	23	24	25	26
一般中型灌区	79	河东灌区	4.50	1978	泵站	√					√		平原	3.60	3.60	2.69	2.56	0.13	82	18	县管	徐州	睢宁	否	否
	80	合沟灌区	4.20	1970	堰闸	√					√		平原	4.00	4.00	2.93	2.56	0.37	70	30	县管	徐州	新沂	否	否
	81	运南灌区	3.00	1989	河湖泵站	√					√		平原	3.00	3.00	2.63	2.22	0.41	85	15	县管	徐州	贾汪	否	否
	82	二八河灌区	3.50	1989	河湖泵站	√					√		平原	3.30	3.30	2.89	2.44	0.45	65	35	县管	徐州	贾汪	否	否
常州市			14.83											4.24	3.74	2.84	2.59	0.25	100	0					
重点中型灌区	83	大溪水库灌区	7.60	1965	水库	√							丘陵	2.60	2.10	1.74	1.59	0.15	95	5	县管	常州	溧阳	否	是
	84	沙河水库灌区	7.23	1962	水库	√							丘陵	1.64	1.64	1.10	1.00	0.10			县管	常州	溧阳		是
南通市			338.83											320.88	281.84	228.19	194.11	34.07							
重点中型灌区	85	通扬灌区	29.72	1958	堰闸	√	√	√	√	√	√		平原	29.52	23.79	23.97	20.37	3.60	69	31	县管	南通	如皋	否	是
	86	焦港灌区	22.50	1957	堰闸	√	√	√	√	√	√		平原	22.36	10.11	18.16	15.43	2.73	64	36	县管	南通	如皋	否	是
	87	如泰港灌区	7.92	1991	堰闸	√	√	√	√	√	√		平原	7.84	5.27	6.37	5.41	0.96	72	28	县管	南通	如皋	否	是
	88	红星灌区	8.20	1972	泵站	√	√	√	√	√	√		平原	8.03	7.56	7.22	7.11	0.11	58	42	县管	南通	海安	是	是
	89	新通扬灌区	29.89	2008	泵站	√	√	√	√	√	√		平原	28,00.34	18.45	12.07	6.38	75	25	南通	否		否	是
	90	丁堡灌区	14.55	2003	泵站	√	√	√	√	√	√		平原	13.93	13.93	10.18	8.75	1.43	71	29	县管	南通	海安	是	是
	91	江海灌区	28.90	1970	堰闸	√	√	√	√	√	√		平原	50,22.14	20.08	2.06	71	29			如东	是			
	92	九洋灌区	26.00	1972	堰闸	√	√	√	√	√	√		平原 23.70	21.80	21.80	17.55	15.91	1.64	69	31	县管	南通	如东	否	是
	93	马丰灌区	1972	堰闸	√	√	√	√	√	√		平原	23.70	19.08	17.30	15.91	1.78	80	20	县管	如东	否	是		
	94	如环灌区	8.10	1970	堰闸	√	√	√	√	√	√		平原	7.20	7.20	5.80	5.26	0.54	78	22	如东	如东	是	是	
	95	新建河灌区	8.01	1987	堰闸	√	√	√	√	√	√		平原	6.81	6.81	6.61	6.61	0.00	70	30	南通	南通	如东	否	是
	96	掘昌灌区	9.97	1972	堰闸	√	√	√	√	√	√		平原	9.97	9.97	6.50	5.86	0.64	60	40	县管	南通	如东	否	是
	97	九遥河灌区	14.75	1972	堰闸	√	√	√	√	√	√		平原	14.75	14.75	7.01	6.83	0.18	68	32	县管	南通	如东	否	是

127

续表

灌区类型	序号	灌区名称	设计灌溉面积(万亩)	建成开灌时间	水源工程类型	农业供水	工业供水	生活供水	生态供水	防洪	除涝	发电	地貌类型	有效灌溉面积(万亩)	2018—2020年平均实灌面积(万亩)	节水灌溉面积(万亩) 总计	其中 渠道防渗	其中 高效节水灌溉面积	灌溉作物结构占比(%) 粮食作物	灌溉作物结构占比(%) 经济作物	行政隶属	所在地市	受益县区	是否属于原832个国家级贫困县范围	是否产粮大县
1	2	3	4	5	6	7	8	9	10	11	12	13	14	15	16	17	18	19	20	21	22	23	24	25	26
重点中型灌区	98	九圩港灌区	22.12	1996	堰闸	√							平原	22.12	16.59	17.70	14.16	3.54	75	25	县管	南通	通州	否	是
重点中型灌区	99	余丰灌区	15.85	1985	堰闸	√							平原	15.85	9.99	12.68	10.14	2.54	65	35	县管	南通	通州	否	是
重点中型灌区	100	团结灌区	15.87	1999	堰闸	√							平原	15.87	10.32	12.70	10.79	1.91	65	35	县管	南通	通州	否	是
重点中型灌区	101	合南灌区	6.10	2006	泵站	√							平原	5.54	5.54	2.58	1.50	1.08	61	39	县管	南通	启东	否	否
重点中型灌区	102	三条港灌区	6.96	2003	泵站	√							平原	6.61	6.61	0.68	0.00	0.68	56	44	县管	南通	启东	否	否
重点中型灌区	103	通兴灌区	5.86	2002	泵站	√							平原	5.51	5.51	0.21	0.00	0.21	67	33	县管	南通	启东	否	否
重点中型灌区	104	悦来灌区	11.59	2001	泵站	√							平原	10.14	10.14	4.82	4.20	0.62	47	53	县管	南通	海门	否	否
重点中型灌区	105	常乐灌区	6.58	2010	泵站	√							平原	6.21	6.21	2.65	2.00	0.65	46	54	县管	南通	海门	否	否
重点中型灌区	106	正余灌区	5.33	2010	泵站	√							平原	5.08	5.08	2.16	1.50	0.66	46	54	县管	南通	海门	否	否
重点中型灌区	107	余东灌区	5.31	1996	堰闸	√							平原	5.31	5.31	2.00	2.00	0.00	40	60	县管	南通	海门	否	否
一般中型灌区	108	长青沙灌区	1.25	1987	堰闸	√							平原	1.23	0.82	1.00	0.85	0.15	72	28	县管	南通	如皋	否	是
		连云港市 2.27											238.15	216.66	167.30	154.59	12.71								
重点中型灌区	109	安峰山水库灌区	10.70	1959	水库	√			√		√		平原	10.70	9.40	7.42	6.63	0.78	90	10	县管	连云港	东海	否	是
重点中型灌区	110	红石渠灌区	13.00	1974	泵站	√			√		√		丘陵	10.50	9.10	7.28	6.51	0.77	90	10	县管	连云港	东海	否	是
重点中型灌区	111	官沟河灌区	23.90	1968	泵站	√			√		√		平原	21.11	20.50	14.14	13.51	0.63	75	25	县管	连云港	灌云	否	是
重点中型灌区	112	叮当河灌区	20.60	1969	泵站	√			√		√		平原	16.81	13.60	11.26	10.76	0.50	80	20	县管	连云港	灌云	否	是
重点中型灌区	113	界北灌区	20.00	1967	泵站	√			√		√		平原	19.18	17.00	12.85	12.28	0.58	85	15	县管	连云港	灌云	否	是
重点中型灌区	114	界南灌区	25.83	1968	泵站	√			√		√		平原	22.35	17.05	14.97	14.30	0.67	85	15	县管	连云港	灌云	否	是
重点中型灌区	115	一条岭灌区	28.30	1968	泵站	√			√		√		丘陵	22.60	18.20	15.14	14.46	0.68	70	30	县管	连云港	灌南	否	是
重点中型灌区	116	柴沂灌区	6.04	1974	堰闸	√			√		√		平原	5.90	5.90	4.40	4.19	0.21	96	4	县管	连云港	灌南	否	是
重点中型灌区	117	柴塘灌区	6.02	1974	堰闸	√			√		√		平原	5.83	5.83	4.35	4.14	0.21	98	2	县管	连云港	灌南	否	是
重点中型灌区	118	淮中灌区	29.80	1959	堰闸	√			√		√		平原	28.90	28.87	21.56	20.52	1.04	92	8	县管	连云港	灌南	否	是

续表

灌区类型		序号	灌区名称	设计灌溉面积(万亩)	建成开灌时间	水源工程类型	灌区功能						地貌类型	有效灌溉面积(万亩)	2018—2020年平均实灌面积(万亩)	节水灌溉面积(万亩)			灌溉作物结构占比(%)		行政隶属	所在地市	受益县区	是否属于原832个国家级贫困县范围	是否产粮大县
							农业供水	工业供水	生活供水	生态供水	防洪	除涝	发电				总计	渠道防渗	高效节水灌溉面积	粮食作物	经济作物					
1		2	3	4	5	6	7	8	9	10	11	12	13	14	15	16	17	18	19	20	21	22	23	24	25	26
重点中型灌区		119	灌北灌区	17.50	1966	堰闸	√					√		平原	17.15	17.15	12.79	12.18	0.62	94	6	县管	连云港	灌南	否	是
		120	淮涟灌区	10.37	1966	堰闸	√					√		平原	10.25	10.25	7.65	7.28	0.37	97	4	县管	连云港	灌南	否	是
		121	沂南灌区	8.38	1968	堰闸	√					√		平原	8.15	8.15	6.08	5.79	0.29	96	4	县管	连云港	灌南	否	是
		122	古城翻水站灌区	7.20	1975	泵站	√					√		平原	5.30	5.10	3.89	2.28	1.61	96	4	县管	连云港	赣榆	否	否
		123	昌黎水库灌区	4.00	1958	水库	√			√				丘陵	3.88	3.88	2.69	2.41	0.28	90	10	县管	连云港	东海	否	是
		124	羽山水库灌区	2.00	1980	水库	√			√				丘陵	1.20	1.20	0.83	0.74	0.09	90	10	县管	连云港	东海	否	是
		125	贺庄水库灌区	2.00	1959	水库	√							平原	1.00	1.00	0.69	0.62	0.07	90	10	县管	连云港	东海	否	是
		126	横沟水库灌区	4.00	1958	水库	√			√				丘陵	2.00	2.00	1.39	1.24	0.15	80	20	县管	连云港	东海	否	是
		127	房山水库灌区	4.00	1959	水库	√			√				丘陵	1.20	1.20	0.83	0.74	0.09	90	10	县管	连云港	东海	否	是
		128	大石埠水库灌区	1.80	1961	水库	√			√				丘陵	1.50	0.50	1.04	0.93	0.11	90	10	县管	连云港	东海	否	是
		129	陈栈水库灌区	1.20	1973	水库	√							丘陵	0.70	0.30	0.49	0.43	0.05	70	30	县管	连云港	东海	否	是
		130	芦窝水库灌区	1.50	1958	水库	√			√				丘陵	1.30	1.20	0.90	0.81	0.09	80	20	县管	连云港	东海	否	是
		131	灌西盐场灌区	1.50	1970	泵站	√					√		平原	1.30	0.50	0.87	0.83	0.04	80	20	县管	连云港	灌云	否	否
一般中型灌区		132	淀西灌区	4.65	1958	堰闸	√			√				平原	4.49	4.49	3.35	3.19	0.16	98	2	县管	连云港	灌南	否	否
		133	阙岭翻水站灌区	2.50	1955	泵站	√					√		丘陵	2.00	1.70	1.47	0.86	0.61	74	26	县管	连云港	赣榆	否	否
		134	八条路水库灌区	2.90	1958	水库	√			√				丘陵	2.20	2.20	1.84	1.08	0.76	70	30	县管	连云港	赣榆	否	否
		135	王集水库灌区	1.50	1958	水库	√							丘陵	1.50	0.60	1.10	0.65	0.46	50	50	县管	连云港	赣榆	否	否
		136	红领巾水库灌区	2.21	1957	水库	√							丘陵	1.20	1.19	0.88	0.52	0.36	50	50	县管	连云港	赣榆	否	否
		137	横山水库灌区	1.17	1958	水库	√							丘陵	0.25	0.10	0.18	0.11	0.08	80	20	县管	连云港	赣榆	否	否
		138	孙庄灌区	4.20	1970	泵站	√					√		平原	4.20	4.20	2.71	2.52	0.19	100	0	县管	连云港	海州	否	否
		139	刘顶灌区	3.50	1975	泵站	√					√		平原	3.50	3.50	2.26	2.10	0.16	100	0	县管	连云港	海州	否	否
				191.65											160.80	142.97	108.71	99.28	9.43							
淮安市		140	运西灌区	21.70	1958	堰闸	√			√		√		平原	19.50	19.50	14.04	13.46	0.59	100	0	县管	淮安	淮安	否	是

续表

灌区类型	序号	灌区名称	设计灌溉面积(万亩)	建成开灌时间	水源工程类型	灌区功能-农业供水	灌区功能-工业供水	灌区功能-生活供水	灌区功能-生态供水	灌区功能-防洪	灌区功能-除涝	灌区功能-发电	地貌类型	有效灌溉面积(万亩)	2018—2020年平均实灌面积(万亩)	节水灌溉面积(万亩)总计	其中渠道防渗	其中高效节水灌溉面积	灌溉作物结构占比(%)粮食作物	灌溉作物结构占比(%)经济作物	行政隶属	所在地市	受益县区	是否属于原832个国家级贫困县范围	是否产粮大县
1	2	3	4	5	6	7	8	9	10	11	12	13	14	15	16	17	18	19	20	21	22	23	24	25	26
重点中型灌区	141	淮南圩灌区	16.15	1960	堰闸	√							圩垸	14.95	14.95	9.55	8.97	0.58	86	14	县管	淮安	金湖	否	是
	142	利农河灌区	9.61	1960	堰闸	√							丘陵	8.73	8.73	5.58	5.24	0.34	86	14	县管	淮安	金湖	否	是
	143	官塘灌区	5.40	1960	堰闸	√							丘陵	5.20	4.82	3.32	3.12	0.20	91	9	县管	淮安	金湖	否	是
	144	涟中灌区	25.72	1958	堰闸	√							平原圩垸	20.80	20.80	14.54	13.94	0.60	82	18	县管	淮安	涟水	否	是
	145	顺河洞灌区	11.70	1959	堰闸	√						√	平原	9.70	7.80	6.63	5.53	1.11	53	47	县管	淮安	清江浦	否	否
	146	蛇家坝灌区	10.30	1958	泵站	√							平原	6.90	5.20	4.72	3.93	0.79	60	40	县管	淮安	清江浦	否	否
	147	东风灌区	28.36	1960	泵站	√						√	丘陵	22.50	18.70	13.34	11.48	1.87	90	10	县管	淮安	盱眙	否	是
	148	官滩灌区	7.50	1959	泵站	√							丘陵	6.20	4.80	3.68	3.16	0.51	90	10	县管	淮安	盱眙	否	是
	149	桥口灌区	8.30	1979	泵站	√							丘陵	6.00	5.00	3.56	3.06	0.50	95	5	县管	淮安	盱眙	否	是
	150	鲍庄灌区	7.32	1979	泵站	√							丘陵	5.90	4.80	3.50	3.01	0.49	95	5	县管	淮安	盱眙	否	是
	151	河桥灌区	6.20	1974	泵站	√							丘陵	5.40	4.00	3.20	2.75	0.45	70	30	县管	淮安	盱眙	否	是
	152	三墩灌区	6.50	1960	泵站	√							丘陵	5.50	3.80	3.26	2.81	0.46	90	10	县管	淮安	盱眙	否	是
	153	临湖灌区	20.00	1957	泵站	√							平原	16.86	13.54	15.53	14.84	0.69	100	0	县管	淮安	淮阴	否	是
一般中型灌区	154	振兴圩灌区	3.06	1960	堰闸	√							圩垸	2.83	2.75	1.81	1.70	0.11	86	14	县管	淮安	金湖	否	是
	155	洪湖圩灌区	2.20	1960	堰闸	√							圩垸	2.20	2.20	1.41	1.32	0.09	95	5	县管	淮安	金湖	否	是
	156	郑家圩灌区	1.63	1960	堰闸	√							圩垸	1.63	1.58	1.04	0.98	0.06	95	5	县管	淮安	金湖	否	是
盐城市			417.80											362.11	354.84	205.28	181.41	23.87							
重点中型灌区	157	六套干渠灌区	15.93	1975	泵站	√		√	√	√	√		平原	13.13	13.13	10.65	10.30	0.35	85	15	县管	盐城	响水	否	是
	158	灌北干渠灌区	7.95	1973	泵站	√		√	√	√	√		平原	6.15	6.15	5.62	5.36	0.26	85	15	县管	盐城	响水	否	是
	159	黄响河灌区	18.64	1979	泵站	√		√	√	√	√		平原	16.04	16.04	14.38	14.10	0.28	90	10	县管	盐城	响水	否	是
	160	大寨河灌区	7.85	1980	泵站	√		√	√	√	√		平原	5.95	5.95	6.31	6.21	0.10	85	15	县管	盐城	响水	否	是
	161	双南干渠灌区	21.30	1974	泵站	√		√	√	√	√		平原	18.00	18.00	16.67	16.09	0.58	70	30	县管	盐城	响水	否	是

续表

灌区类型	序号	灌区名称	设计灌溉面积（万亩）	建成开灌时间	水源工程类型	灌区功能 农业供水	灌区功能 工业供水	灌区功能 生活供水	灌区功能 生态供水	灌区功能 防洪	灌区功能 除涝	灌区功能 发电	地貌类型	有效灌溉面积（万亩）	2018—2020年平均实灌面积（万亩）	节水灌溉面积（万亩）总计	其中 渠道防渗	其中 高效节水灌溉面积	灌溉作物结构占比（%）粮食作物	灌溉作物结构占比（%）经济作物	行政隶属	所在地市	受益县区	是否属于国家832个国家级贫困县范围	是否产粮大县
1	2	3	4	5	6	7	8	9	10	11	12	13	14	15	16	17	18	19	20	21	22	23	24	25	26
重点中型灌区	162	南干渠灌区	11.43	1975	泵站	√							平原	9.83	9.83	8.90	8.80	0.10	90	10	县管	盐城	响水	否	是
	163	陈涛灌区	22.00	1958	泵站	√				√	√		平原	18.80	18.00	13.05	11.47	1.58	70	30	县管	盐城	滨海	否	是
	164	南干灌区	21.76	1959	泵站	√							平原	16.20	16.20	11.24	9.88	1.36	70	30	县管	盐城	滨海	否	是
	165	张弓灌区	25.00	1958	堰闸	√							平原	20.20	20.20	14.02	12.32	1.70	65	35	县管	盐城	滨海	否	是
	166	渠北灌区	16.55	1957	泵站	√			√	√	√		平原	15.60	14.10	10.73	10.14	0.59	69	31	县管	盐城	阜宁	否	是
	167	沟墩灌区	9.58	1975	泵站	√			√	√	√		平原	8.41	8.41	0.70	0.30	0.40	85	15	县管	盐城	阜宁	否	是
	168	陈良灌区	6.10	1978	泵站	√			√	√	√		平原	6.10	5.90	0.00	0.00	0.00	97	3	县管	盐城	阜宁	否	是
	169	吴滩灌区	9.13	1972	泵站	√			√	√	√		平原	8.11	8.05	0.22	0.00	0.22	82	18	县管	盐城	大丰	否	是
	170	川南灌区	15.60	1974	泵站	√			√	√	√		平原	8.32	8.32	5.04	4.58	0.47	65	35	县管	盐城	大丰	否	是
	171	斗西灌区	10.02	2009	泵站	√			√	√	√		平原	9.57	9.04	7.66	6.24	1.42	90	10	县管	盐城	大丰	否	是
	172	斗北灌区	23.93	2008	泵站	√			√	√	√		平原	19.60	19.60	7.19	4.56	2.63	80	20	县管	盐城	射阳	否	是
	173	红旗灌区	7.30	2006	泵站	√			√	√	√		圩垸	6.80	6.15	4.13	3.60	0.52	70	30	县管	盐城	射阳	否	是
	174	陈洋灌区	11.67	2007	泵站	√			√	√	√		圩垸	10.43	8.89	6.33	5.53	0.80	70	30	县管	盐城	射阳	否	是
	175	桥西灌区	11.60	2009	泵站	√			√	√	√		平原	10.44	10.23	3.95	3.83	0.12	85	15	县管	盐城	射阳	否	是
	176	东南灌区	10.96	2017	堰闸	√			√	√	√		平原	10.42	10.42	6.05	4.90	1.16	89	11	县管	盐城	盐都	否	是
	177	龙冈灌区	6.94	1970	泵站	√			√	√	√		平原	6.60	6.60	3.83	3.10	0.73	89	11	县管	盐城	盐都	否	是
	178	红九灌区	12.50	2009	堰闸	√			√	√	√		平原	11.90	11.90	6.01	4.70	1.31	89	11	县管	盐城	盐都	否	否
	179	大纵湖灌区	8.50	2008	堰闸	√			√	√	√		平原	8.10	8.10	2.50	1.80	0.70	90	10	县管	盐城	盐都	否	否
	180	学富灌区	7.50	2005	堰闸	√			√	√	√		平原	7.10	7.10	4.70	3.40	1.30	88	12	县管	盐城	亭湖	否	否
	181	盐东灌区	6.10	1990	泵站	√			√	√	√		平原	5.48	4.94	3.06	2.30	0.76	85	15	县管	盐城	亭湖	否	否
	182	黄尖灌区	5.50	1990	泵站	√			√	√	√		平原	4.50	4.50	2.52	1.89	0.63	85	15	县管	盐城	亭湖	否	否
	183	上冈灌区	23.3	2007	泵站	√			√	√	√		圩垸	22.32	22.32	6.80	5.60	1.20	86	14	县管	盐城	建湖	否	是
	184	宝塔灌区	6.48	2007	泵站	√			√	√	√		圩垸区	6.02	6.02	1.48	1.40	0.08	88	12	县管	盐城	建湖	否	是

131

江苏省"十四五"中型灌区续建配套与节水改造规划

续表

灌区类型	序号	灌区名称	设计灌溉面积（万亩）	建成开灌时间	水源工程类型	农业供水	工业供水	生活供水	生态供水	防洪	除涝	发电	地貌类型	有效灌溉面积（万亩）	2018—2020年平均实灌面积（万亩）	节水灌溉面积（万亩）总计	渠道防渗	高效节水灌溉面积	粮食作物	经济作物	行政隶属	所在地市	受益县区	是否属原国家832个级贫困县范围	是否属产粮大县
1	2	3	4	5	6	7	8	9	10	11	12	13	14	15	16	17	18	19	20	21	22	23	24	25	26
重点中型灌区	185	高作灌区	7.38	2007	泵站	√							圩垸区	7.09	7.09	1.94	1.80	0.14	86	14	县管	盐城	建湖	否	是
	186	庆丰灌区	9.4	2007	泵站	√							圩垸区	8.95	8.95	2.65	2.30	0.35	82	18	县管	盐城	建湖	否	是
	187	盐建灌区	13.8	2007	泵站	√							圩垸区	13.03	13.03	3.28	2.70	0.58	86	14	县管	盐城	建湖	否	是
一般中型灌区	188	花元灌区	2.54	1970	泵站	√			√	√	√		平原	2.23	2.04	1.35	1.18	0.17	70	30	县管	盐城	射阳	否	是
	189	川彦灌区	4.96	1970	泵站	√			√	√	√		平原	4.02	3.78	2.44	2.13	0.31	60	40	县管	盐城	射阳	否	是
	190	安东灌区	4.00	1970	泵站	√			√	√	√		平原	3.25	3.25	1.97	1.72	0.25	70	30	县管	盐城	射阳	否	是
	191	跃中灌区	2.90	1970	泵站	√			√	√	√		平原	2.65	2.44	1.61	1.40	0.20	70	30	县管	盐城	射阳	否	是
	192	东厦灌区	1.40	1970	泵站	√			√	√	√		平原	1.38	1.19	0.84	0.73	0.11	65	35	县管	盐城	射阳	否	是
	193	王开灌区	1.63	1970	泵站	√			√	√	√		平原	1.46	1.30	0.89	0.77	0.11	95	5	县管	盐城	射阳	否	是
	194	安石灌区	1.91	1970	泵站	√			√	√	√		平原	1.85	1.61	0.00	0.00	0.00	70	30	县管	盐城	射阳	否	是
	195	三圩灌区	4.48	2009	泵站	√			√	√	√		平原	4.00	4.00	3.80	3.50	0.30	90	10	县管	盐城	大丰	否	是
	196	东里灌区	2.28	1992	泵站	√	√		√	√	√		平原	2.08	2.08	0.77	0.77	0.00	68	32	县管	盐城	东台	否	是
扬州市			316.91											303.00	160.92	135.24	25.68								
重点中型灌区	197	永丰灌区	18.16	1963	堰闸	√							平原	18.12	18.10	6.48	6.17	0.31	88	12	县管	扬州	宝应	否	是
	198	庆丰灌区	14.50	1955	堰闸	√							平原	13.31	11.28	6.41	5.31	1.10	94	6	县管	扬州	宝应	否	是
	199	临城灌区	10.67	1979	堰闸	√							平原	10.67	9.30	4.30	4.20	0.10	84	16	县管	扬州	宝应	否	是
	200	泾河灌区	10.04	1979	堰闸	√							平原	9.54	9.54	5.37	4.94	0.43	75	25	县管	扬州	宝应	否	是
	201	宝射河灌区	28.64	1955	泵站	√			√	√			平原	26.62	22.50	6.47	6.44	0.03	81	19	县管	扬州	宝应	否	是
	202	宝应灌区	29.79	1955	泵站	√			√	√			平原	29.67	23.40	5.39	4.56	0.83	85	15	县管	扬州	宝应	否	是
	203	司徒灌区	18.58	1978	泵站	√			√	√			圩垸	17.95	13.04	11.58	10.95	0.63	88	12	县管	扬州	高邮	否	是
	204	汉留灌区	12.28	1976	泵站	√			√	√			圩垸	12.11	10.06	8.93	8.45	0.48	81	19	县管	扬州	高邮	否	是
	205	三垛灌区	11.89	1976	泵站	√			√	√			圩垸	11.46	10.86	10.03	9.49	0.54	78	22	县管	扬州	高邮	否	是
	206	向阳河灌区	15.46	1979	泵站	√			√	√			丘陵	14.98	9.24	8.21	7.76	0.44	84	16	县管	扬州	高邮	否	是

续表

灌区类型	序号	灌区名称	设计灌溉面积（万亩）	建成开灌时间	水源工程类型	灌区功能 农业供水	灌区功能 工业供水	灌区功能 生活供水	灌区功能 生态供水	灌区功能 防洪	灌区功能 除涝	灌区功能 发电	地貌类型	有效灌溉面积（万亩）	2018—2020年平均实灌面积（万亩）	节水灌溉面积（万亩）总计	其中 渠道防渗	其中 高效节水灌溉面积	灌溉作物结构占比(%) 粮食作物	灌溉作物结构占比(%) 经济作物	行政隶属	所在地市	受益县区	是否属于国家832个国家级贫困县范围	是否产粮大县
1	2	3	4	5	6	7	8	9	10	11	12	13	14	15	16	17	18	19	20	21	22	23	24	25	26
重点中型灌区	207	红旗河灌区	18.18	1972	泵站	√							平原	18.18	16.68	12.71	10.01	2.70	94	6	县管	扬州	江都	否	是
	208	团结河灌区	9.28	1977	泵站	√				√	√		平原	9.28	9.28	7.07	5.57	1.50	92	8	县管	扬州	江都	否	是
	209	三阳河灌区	11.80	1976	泵站	√				√	√		平原	11.80	11.80	8.99	7.08	1.91	91	9	县管	扬州	江都	否	是
	210	野田河灌区	11.56	1977	泵站	√				√	√		平原	11.56	11.56	8.81	6.94	1.87	93	7	县管	扬州	江都	否	是
	211	向阳河灌区	15.95	1972	泵站	√				√	√		平原	15.95	15.95	2.10	2.10	0.00	93	7	县管	扬州	仪征	否	是
	212	塘田灌区	6.63	1965	泵站	√					√		丘陵	6.22	6.22	3.94	2.80	1.14	87	13	县管	扬州	仪征	否	是
	213	月塘灌区	10.74	1966	泵站	√							丘陵	9.67	9.40	6.11	4.34	1.77	71	29	县管	扬州	广陵	否	是
	214	沿江灌区	9.56	1980	泵站	√							圩垸	8.50	7.76	5.69	4.34	1.35	80	20	县管	扬州	邗江	否	是
一般中型灌区	215	甘泉灌区	2.50	1980	泵站	√				√			丘陵	1.80	1.40	1.78	1.38	0.40	78	22	县管	扬州	邗江	否	是
	216	杨寿灌区	2.30	1965	泵站	√			√				丘陵	2.15	2.00	1.99	1.55	0.44	90	10	县管	扬州	邗江	否	否
	217	沿湖灌区	4.80	1969	泵站	√				√			丘陵	4.00	3.80	3.77	2.93	0.84	95	5	县管	扬州	邗江	否	否
	218	方翻灌区	4.90	1959	泵站	√							丘陵	4.10	3.80	3.98	3.10	0.89	90	10	县管	扬州	邗江	否	否
	219	槐泗灌区	2.10	1991	泵站	√							丘陵	2.05	2.05	1.02	0.80	0.22	95	5	县管	扬州	邗江	否	否
	220	红星灌区	1.09	1970	泵站	√							丘陵	1.01	1.01	0.64	0.45	0.18	83	17	县管	扬州	仪征	否	是
	221	凤岭灌区	1.25	1962	水库	√							丘陵	1.19	1.19	0.75	0.54	0.22	89	11	县管	扬州	仪征	否	是
	222	朱桥灌区	3.54	1961	泵站	√							丘陵	3.46	3.46	2.19	1.56	0.63	82	18	县管	扬州	仪征	否	是
	223	稻山灌区	2.90	1968	泵站	√							丘陵	2.77	2.77	1.75	1.25	0.51	100	0	县管	扬州	仪征	否	是
	224	东风灌区	2.31	1969	泵站	√							丘陵	2.24	2.24	1.42	1.01	0.41	95	5	县管	扬州	仪征	否	是
	225	白羊山灌区	3.74	1959	泵站	√							丘陵	3.43	3.32	2.21	1.54	0.67	81	19	县管	扬州	仪征	否	是
	226	刘集红光灌区	3.66	1973	泵站	√							丘陵	3.43	3.43	2.17	1.54	0.63	83	17	县管	扬州	仪征	否	是
	227	高营灌区	3.21	1968	泵站	√							丘陵	2.92	2.92	1.85	1.31	0.53	72	28	县管	扬州	仪征	否	是
	228	红旗灌区	3.18	1959	泵站	√							丘陵	2.79	2.79	1.77	1.26	0.51	75	25	县管	扬州	仪征	否	是
	229	秦桥灌区	1.83	1959	泵站	√							丘陵	1.71	1.71	1.08	0.77	0.31	76	24	县管	扬州	仪征	否	是

续表

灌区类型	序号	灌区名称	设计灌溉面积(万亩)	建成开工时间	水源工程类型	灌区功能 农业供水	灌区功能 工业供水	灌区功能 生活供水	灌区功能 生态供水	灌区功能 防洪	灌区功能 除涝	灌区功能 发电	地貌类型	有效灌溉面积(万亩)	2018—2020年平均实灌面积(万亩)	节水灌溉面积(万亩) 总计	节水灌溉面积 渠道防渗	节水灌溉面积 其中 高效节水灌溉面积	灌溉作物结构占比(%) 粮食作物	灌溉作物结构占比(%) 经济作物	行政隶属	所在地市	受益县区	是否属于原国家832个国家级贫困县范围	是否属产粮大县
1	2	3	4	5	6	7	8	9	10	11	12	13	14	15	16	17	18	19	20	21	22	23	24	25	26
一般中型灌区	230	通新集灌区	1.47	1960	泵站								丘陵	1.35	1.35	0.85	0.61	0.25	79	21	县管	扬州	仪征	否	是
	231	烟台山灌区	1.34	1961	泵站	√							丘陵	1.17	1.17	0.74	0.53	0.21	34	66	县管	扬州	仪征	否	是
	232	青山灌区	4.17	1966	泵站								丘陵	3.26	1.15	0.73	0.52	0.21	85	15	县管	扬州	仪征	否	是
	233	十二圩灌区	2.91	1974	泵站								圩院	2.58	2.58	1.63	1.16	0.47	85	15	县管	扬州	仪征	否	是
镇江市			42.32											38.05	36.65	28.00	24.01	3.99							
重点中型灌区	234	北山湖灌区	15.20	1965	水库	√		√	√	√	√		丘陵	13.50	13.32	9.87	8.37	1.50	54	46	县管	镇江	句容	否	是
	235	赤山湖灌区	19.10	1967	水库	√			√	√	√		丘陵	17.55	17.42	12.83	10.88	1.95	43	57	县管	镇江	句容	否	是
	236	长山灌区	5.72	1978	堰闸	√			√		√		丘陵	5.20	5.20	3.94	3.54	0.41	90	10	县管	镇江	丹徒	否	否
一般中型灌区	237	后马灌区	1.10	1972	水库	√			√		√		丘陵	0.80	0.35	0.61	0.54	0.06	90	10	县管	镇江	丹徒	否	否
	238	小辛灌区	1.20	1975	泵站	√			√		√		丘陵	1.00	0.36	0.76	0.68	0.08	90	10	县管	镇江	丹徒	否	否
泰州市			123.47											112.61	103.04	76.18	72.78	3.40							
重点中型灌区	239	孤山灌区	8.97	1975	泵站	√		√	√	√	√		平原	8.97	7.17	4.93	4.52	0.41	80	20	县管	泰州	靖江	否	否
	240	黄桥灌区	24.00	1980	河湖	√		√	√	√	√		平原	21.80	21.20	18.25	17.88	0.37	82	18	县管	泰州	泰兴	否	是
	241	高港灌区	9.80	1960	堰闸	√		√	√	√	√		平原	8.46	8.46	6.13	5.58	0.54	64	36	县管	泰州	高港	否	否
	242	滦谭灌区	26.53	1971	泵站	√		√	√	√	√		平原	26.53	26.53	17.32	16.45	0.88	98	2	县管	泰州	姜堰	否	否
	243	周山河灌区	29.87	2008	泵站	√		√	√	√	√		平原	29.45	22.28	14.56	13.82	0.74	97	3	县管	泰州	姜堰	否	否
	244	卤西灌区	5.30	2006	泵站	√		√	√	√	√		平原	3.40	3.40	2.50	2.50	0.00	70	30	县管	泰州	海陵	否	否
	245	西部灌区	15.50	1996	泵站	√		√	√	√	√		平原	11.50	11.50	10.40	10.30	0.10	83	17	县管	泰州	靖江	否	否
一般中型灌区	246	西来灌区	3.50	1996	泵站	√			√		√		平原	2.50	2.50	2.10	1.73	0.37	83	17	县管	泰州	靖江	否	否

续表

灌区类型	序号	灌区名称	设计灌溉面积(万亩)	建成开灌时间	水源工程类型	灌区功能 农业供水	工业供水	生活供水	生态供水	防洪	除涝	发电	地貌类型	有效灌溉面积(万亩)	2018—2020年平均实灌面积(万亩)	节水灌溉面积(万亩) 总计	渠道防渗	其中 高效节水灌溉面积	灌溉作物结构占比(%) 粮食作物	经济作物	行政隶属	所在地市	受益县区	是否属于原832个国家级贫困县范围内	是否产粮大县
1	2	3	4	5	6	7	8	9	10	11	12	13	14	15	16	17	18	19	20	21	22	23	24	25	26
重点中型灌区		宿迁市	230.81											190.71	176.21	112.35	102.99	9.36							
	247	皂河灌区	22.80	1970	泵站	√					√		平原	21.00	19.00	13.92	13.23	0.69	70	30	县管	宿迁	宿城	否	否
	248	嶂山灌区	9.10	1970	泵闸	√					√		丘陵	8.60	6.00	5.55	5.07	0.47	68	32	县管	宿迁	宿豫	否	是
	249	柴沂灌区	17.60	1958	堰闸	√			√		√		平原	15.30	15.30	9.23	8.87	0.35	80	20	县管	宿迁	沭阳	否	是
	250	古泊灌区	18.90	1967	堰闸	√					√		圩垸	17.40	17.40	10.49	10.09	0.40	86	14	县管	宿迁	沭阳	否	是
	251	淮西灌区	24.10	1973	堰闸	√			√		√		平原	24.10	19.20	14.53	13.98	0.55	85	15	县管	宿迁	沭阳	否	是
	252	沙河灌区	25.40	1970	堰闸	√					√		平原区	21.76	21.76	13.12	12.62	0.50	52	48	县管	宿迁	沭阳	否	是
	253	新北灌区	12.70	1971	堰闸	√					√		平原	12.50	12.50	7.54	7.25	0.29	80	20	县管	宿迁	泗阳	否	是
	254	新华灌区	21.50	1966	泵站	√					√		圩垸区	15.05	15.05	10.40	9.93	0.47	90	10	县管	宿迁	泗洪	否	是
	255	安东河灌区	23.90	2005	泵站	√		√			√		丘陵	17.10	17.10	7.20	5.90	1.30	92	8	县管	宿迁	泗洪	否	是
	256	蔡圩灌区	23.30	1980	泵站	√					√		平原	16.50	14.30	8.20	6.80	1.40	87	14	县管	宿迁	泗洪	否	是
	257	车门灌区	5.50	1994	泵站	√					√		丘陵	4.10	3.60	3.70	2.10	1.60	85	16	县管	宿迁	泗洪	否	是
	258	雪枫灌区	21.21	2001	水库	√				√			丘陵	14.70	12.40	6.70	5.50	1.20	77	23	县管	宿迁	泗洪	否	是
一般中型灌区	259	红旗灌区	2.00	1965	泵站	√					√		平原	1.20	1.20	0.82	0.76	0.06	95	5	县管	宿迁	泗洪	否	是
	260	曹庙灌区	2.60	1975	泵站	√					√		平原	1.40	1.40	0.95	0.88	0.07	95	5	县管	宿迁	泗洪	否	是
重点中型灌区		监狱农场	40.40											35.50	34.50	24.48	24.28	0.20							
	261	大中农场灌区	7.60	1996	泵站	√					√		平原	6.70	6.70	4.88	4.80	0.08	100	0	省管	盐城	大丰	否	是
	262	五图河农场灌区	8.10	1996	泵站	√					√		平原	5.80	5.80	4.40	4.40	0.00	100	0	省管	连云港	灌云	否	是
	263	东辛农场灌区	15.00	1950	堰闸	√				√	√		圩垸	15.00	15.00	9.60	9.60	0.00	87	13	县管	连云港	徐圩	否	否
	264	洪泽湖农场灌区	9.70	1996	泵站	√					√		圩垸区	8.00	7.00	5.60	5.48	0.12	100	0	省管	宿迁	泗洪	否	是
		全省合计	2858.06											2512.91	2316.57	1612.80	1410.35	202.45							

附表2 江苏省中型灌区水资源利用及骨干工程现状表

灌区类型	序号	灌区名称	年可供水量(万m³) 总量	其中农业灌溉	年实供灌水量(万m³) 总量	其中农业灌溉	灌溉水利用效率 灌溉水利用系数	其中骨干渠系水利用系数	渠首工程(处) 数量	完好数量	灌溉渠道(km) 总长	其中衬砌总长	衬砌完好长度	灌溉管道总长	管道完好长度	完好率(%)	排水沟(km) 总长	完好长度	完好率(%)	渠沟道建筑物(座) 总数	完好数量	完好率(%)	灌区取水口是否计量	干支渠斗口水口 数量	其中有计量设施数	灌区斗口(处) 数量	其中有计量设施数
1	2	3	4	5	6	7	8	9	10	11	12	13	14	15	16	17	18	19	20	21	22	23	24	25	26	27	28
	南京市		88414	79991	69923	64083			191	161	2466	800	452	91	86		2186	1140		5480	4253			581	581	1661	1661
重点中型灌区	1	横溪河-赵村水库灌区	7560	6435	4752	4045	0.62	0.77	2	2	67	35	20	7	2	60	29	12	40	350	350	100	是			21	21
	2	江宁河灌区	5573	3214	4777	2755	0.62	0.77	1	1	38	9	9			78	16	8	49	175	175	100	是	11	11	25	25
	3	汤水河灌区	2070	2070	2050	2050	0.61	0.75	7	3	42	7	6			93	135	8	7	135	132	98	是	10	10	22	22
	4	周岗圩灌区	1210	1210	1210	1210	0.62	0.77	10	3	170	85	0			56	170	95	56	224	197	88	是	8	8	20	20
	5	三岔灌区	4165	3120	1780	1780	0.66	0.79	3	1	42	26	19			64	19	14	75	65	48	74	是	25	25	120	120
	6	侯家坝灌区	3240	2430	1610	1207	0.62	0.77	1	1	25	25	17			68	11	8	75	36	30	83	是	38	38	88	88
	7	涟湖灌区	8910	8910	4500	4500	0.62	0.77	4	1	156	50	35			70	170	119	70	352	282	80	是	8	8	18	18
	8	石臼湖灌区	3471	3471	3471	3471	0.62	0.77	10	5	170	85	90			56	37	21	56	15	9	60	是	10	10	24	24
	9	永丰圩灌区	521	521	521	521	0.62	0.77	5	1	22	0	0			74	11	8	78	13	7	54	是	11	11	25	25
	10	新禹河灌区	5682	5682	5081	5081	0.62	0.77	1	1	78	45	27		3	56	163	74	45	317	273	86	是	16	16	37	37
	11	金牛湖灌区	7500	6000	7500	6000	0.62	0.77	1	1	121	50	50		0	41	79	15	19	21	13	62	是	8	8	19	19
	12	山湖灌区	15575	14025	11799	10625	0.59	0.73	1	1	178	48	48	12	12	50	128	9	7	30	25	83	是	29	29	69	69
一般中型灌区	13	东阳万安圩灌区	2289	2289	2289	2289	0.67	0.74	10	4	320	160	0	0	0	54	320	168	53	299	262	88	是	9	9	21	21
	14	五圩灌区	812	812	812	812	0.67	0.74	4	4	18	0	0	0	0	55	18	10	55	51	33	65	是	8	8	19	19
	15	下坝灌区	1043	1043	1041	1041	0.67	0.74	4	4	10	0	0	0	0	82	4	4	47	25	15	60	是	10	10	24	24
	16	星辉洪森灌区	1023	1023	1023	1023	0.67	0.74	3	3	35	0	0	0	0	30	6	3	50	41	26	63	是	11	11	25	25
	17	三合圩灌区	1353	1353	1353	1353	0.64	0.74	10	8	14	12	5	0	0	70	22	16	72	176	142	81	是	5	5	45	45
	18	石桥灌区	380	380	380	380	0.67	0.74	10	5	58	0	0	0	0	42	25	13	52	128	114	89	是	11	11	27	27
	19	北城圩灌区	407	407	407	407	0.67	0.74	10	10	60	0	0	0	0	79	29	15	51	126	108	86	是	16	16	36	36
	20	草场圩灌区	163	163	163	163	0.67	0.74	5	5	21	0	0	0	0	79	11	5	45	96	88	92	是	14	14	32	32

续表

灌区类型	序号	灌区名称	年可供水量（万 m³）		年实供灌水量（万 m³）		灌溉水利用效率		渠首工程（处）		灌溉渠道（km）					骨干工程					灌区取水口是否计量	灌区计量情况			
											总长	衬砌		其中灌溉管道		排水沟（km）		渠沟道建筑物（座）				干支渠分水口（处）		灌区斗口（处）	
			总量	其中农业灌溉	总量	其中农业灌溉	灌溉水利用系数	其中骨干渠系水利用系数	数量	完好数量		总长	完好长度	总长	完好长度	完好率（%）	总长	完好长度	完好率（%）	总数	完好数量	完好率（%）		数量	其中有计量设施数	数量	其中有计量设施数
1	2	3	4	5	6	7	8	9	10	11	12	13	14	15	16	17	18	19	20	21	22	23	24	25	26	27	28
一般中型灌区	21	浦口沿江灌区	883	883	706	706	0.64	0.76	6	2	35	3	1	0	0	70	18	7	39	152	68	45	是	25	26	27	28
	22	浦口沿滁灌区	913	913	639	639	0.64	0.74	8	3	43	7	2	0	0	70	22	10	44	186	77	41	是	28	28	100	100
	23	方便灌区	506	506	506	506	0.67	0.74	2	2	89	8	6	0	0	70	135	94	70	820	575	70	是	33	33	132	132
	24	卧龙水库灌区	178	178	178	178	0.67	0.74	1	1	2	1	1	0	0	48	31	18	57	4	3	75	是	13	13	31	31
	25	无想寺灌区	993	993	993	993	0.67	0.74	1	1	122	24	16	0	0	70	82	57	70	84	70	83	是	12	12	29	29
	26	毛公铺灌区	881	881	881	881	0.67	0.74	2	2	24	3	2	0	0	70	50	35	70	518	455	88	是	8	8	18	18
	27	明觉环山河灌区	553	553	553	553	0.67	0.74	5	5	25	7	5	0	0	70	86	60	70	350	56	16	是	11	11	25	25
	28	耪山头水库灌区	417	417	417	417	0.67	0.74	2	2	25	3	2	0	0	70	21	15	70	98	77	79	是	17	17	40	40
	29	新桥河灌区	1542	1542	1542	1542	0.67	0.74	6	6	75	37	40	0	0	52	16	9	56	7	4	57	是	17	17	41	41
	30	长城圩灌区	320	320	285	285	0.67	0.74	3	3	19	1	1	0	0	36	18	18	100	34	26	76	是	11	11	25	25
	31	玉带圩灌区	426	426	426	426	0.67	0.74	5	5	54	0	0	0	0	34	15	0	0	8	6	75	是	8	8	20	20
	32	延佑双城灌区	406	406	406	406	0.67	0.74	7	6	57	18	18	0	0	41	22	0	0	25	22	88	是	17	17	39	39
	33	相国圩灌区	680	680	680	680	0.67	0.74	8	8	62	0	0	0	0	74	27	13	48	2	2	100	是	20	20	46	46
	34	永胜圩灌区	1420	1420	1230	1230	0.67	0.71	4	4	73	9	4	65	65	94	69	59	85	169	169	100	是	14	14	32	32
	35	胜利圩灌区	1050	1050	890	890	0.68	0.72	8	8	48	23	10				15	4	27	76	76	100	是	44	44	132	132
	36	保胜圩灌区	750	750	640	640	0.67	0.71	6	3							88	70	80			100	是	8	8	113	113
	37	龙袍灌区	1750	1750	1750	1750	0.67	0.74	8	8	48	16	13	2	2	73	52	40	77	240	210	88	是	6	6	10	10
	38	新集灌区	1800	1800	648	648	0.67	0.74	7	6	22	5	4	0	0	74	18	8	45	32	28	88	是	43	43	101	101
无锡市			1267	953	845	636			8	5	10	3	2	0	0		26	16	61	21	8	38		4	4	10	10
一般中型灌区	39	溪北圩灌区	1267	953	845	636	0.65	0.72	8	5	10	3	2	0	0	67	26	16	61	21	8	38	是	8	8	25	25

续表

灌区类型	序号	灌区名称	年可供水量(万m³) 总量	年可供水量(万m³) 其中农业灌溉	年实供灌水量(万m³) 总量	年实供灌水量(万m³) 其中农业灌溉	灌溉水利用效率 灌溉水利用系数	灌溉水利用效率 其中骨干渠系水利用系数	渠首工程(处) 数量	渠首工程(处) 完好数量	灌溉渠道(km) 总长	其中 衬砌 总长	其中 衬砌 完好长度	其中 灌溉管道 总长	其中 灌溉管道 完好长度	完好率(%)	骨干工程 排水沟(km) 总长	骨干工程 排水沟(km) 完好长度	骨干工程 完好率(%)	骨干工程 渠沟道建筑物(座) 总数	骨干工程 渠沟道建筑物(座) 完好数量	骨干工程 完好率(%)	灌区取水口是否计量	灌区计量情况 干支渠分水口(处) 数量	灌区计量情况 干支渠分水口(处) 其中有计量设施数	灌区计量情况 灌区斗口(处) 数量	灌区计量情况 灌区斗口(处) 其中有计量设施数
1	2	3	4	5	6	7	8	9	10	11	12	13	14	15	16	17	18	19	20	21	22	23	24	25	26	27	28
		徐州市	242096	210094	222287	193416			139	81	6243	1158	916	0	54		2356	1196		10452	4761			1389	1389	4319	4319
	40	复新河灌区	12509	10662	11111	9470	0.57	0.70	3	1	230	11	6	0	0	42	150	79	53	400	179	45	是	25	26	27	28
	41	四联河灌区	4125	3630	3920	3450	0.57	0.70	3	2	107	0	0	0	0	38	50	26	52	259	151	58	是	56	56	130	130
	42	苗城灌区	3850	2120	3995	2200	0.57	0.70	3	2	149	0	0	0	13	74	137	124	91	341	273	80	是	22	22	50	50
	43	大沙河灌区	3824	3365	3636	3200	0.57	0.70	3	1	203	0	0	0	0	47	96	48	50	343	105	31	是	24	24	55	55
	44	郑集南支河灌区	3920	3450	3727	3280	0.57	0.70	2	2	142	29	29	0	0	23	75	40	53	209	94	45	是	35	35	81	81
	45	灌婴灌区	3245	3245	3020	3020	0.62	0.69	2	1	49	39	29	0	0	59				189	56	30	是	16	16	36	36
	46	侯阁灌区	2620	2620	2496	2496	0.62	0.69	1	1	148	118	94	0	0	64				183	45	25	是	18	18	43	43
	47	邹庄灌区	3563	3563	3372	3372	0.62	0.69	2	2	73	58	38	0	0	52				258	67	26	是	25	25	53	53
	48	上级湖灌区	7026	7026	6437	6437	0.62	0.69	3	3	69	55	39	0	0	57	15	2	15	387	82	21	是	28	28	86	86
	49	胡寨灌区	2934	2934	2680	2680	0.62	0.69	1	1	40	32	20	0	0	59				153	53	35	是	32	32	150	150
重点中型灌区	50	苗洼灌区	4795	4795	4409	4409	0.62	0.69	2	2	67	53	39	0	0	58				279	74	27	是	18	18	68	68
	51	沿城灌区	3135	3135	2966	2966	0.62	0.69	1	1	134	107	86	0	0	64				154	41	27	是	26	26	116	116
	52	五段灌区	2246	2246	2072	2072	0.62	0.69	2	2	42	33	27	0	0	64				167	44	26	是	17	17	72	72
	53	陈楼灌区	8199	8199	7458	7458	0.62	0.69	1	1	55	44	35	0	0	64	2	2		260	71	27	是	11	11	40	40
	54	王山站灌区	11147	10032	10924	9831	0.56	0.69	1	1	344	23	23	0	0	27			0	545	249	46	是	16	16	140	140
	55	运南灌区	16235	10018	16235	10018	0.57	0.70	3	2	254	11	11	0	0	40	33	18	55	201	60	30	是	102	102	239	239
	56	郑集河灌区	13378	12040	13110	11799	0.58	0.71	1	1	458	63	63	0	0	32	41	10	24	637	314	49	是	43	43	99	99
	57	房亭河灌区	4308	3877	4222	3799	0.57	0.70	1	0	119	5	5	0	0	84	9	7	74	255	224	88	是	120	120	280	280
	58	马坡河灌区	3951	3556	3872	3485	0.60	0.74	2	2	87	2	2	0	0	40	15	5	33	279	231	83	是	46	46	108	108
	59	丁万河灌区	2510	2397	2460	2349	0.57	0.70	2	1	102	16	16	0	0	33	27	9	32	148	35	24	是	38	38	88	88
	60	湖东滨湖灌区	2835	1920	1134	768	0.57	0.70	7	5	83	2	1	12	12	20	37	14	38	85	45	53	是	13	13	30	30

续表

灌区类型	灌区类型	序号	灌区名称	年可供水量（万m³）		年实供水量（万m³）		灌溉水利用效率			渠首工程（处）		灌溉渠道（km）						骨干工程				渠沟道建筑物（座）			灌区取水口是否计量	灌区计量情况			
															其中												干支渠分水口（处）		灌区斗口（处）	
				总量	其中农业灌溉	总量	其中农业灌溉	灌溉水利用系数	骨干渠系水利用系数	其中骨干渠系水利用系数	数量	完好数量	总长	衬砌		灌溉管道		完好率（%）	排水沟（km）		完好率（%）			完好率（%）		数量	其中有计量设施数	数量	其中有计量设施数
														总长	完好长度	总长	完好长度		总长	完好长度		总数	完好数量						
1	2	3		4	5	6	7	8	9		10	11	12	13	14	15	16	17	18	19	20	21	22	23	24	25	26	27	28
重点中型灌区		61	大运河灌区	6144	5344	6021	5237	0.57	0.70		8	3	113	16	16	0	0	23	34	27	79	341	240	70	是	55	55	129	129
		62	奎河灌区	2013	1812	1973	1776	0.60	0.74		2	2	83	5	5	0	0	63	24	24	100	62	8	13	是	13	13	31	31
		63	高集灌区	3467	2050	3467	2050	0.57	0.70		1	0	150	0	0	0	0	53	60	34	57	94	73	78	是	19	19	45	45
		64	黄河灌区	6500	6350	6305	6305	0.62	0.76		3	3	226	181	145	0	0	64	129	92	71	101	59	58	是	39	39	249	249
		65	关庙灌区	6500	5950	5100	5098	0.62	0.76		5	5	56	15	15	0	0	60	106	76	72	75	49	65	是	13	13	78	78
		66	庆安灌区	7200	5700	6360	4560	0.64	0.79		4	4	54	23	13	0	0	60	155	115	74	81	72	89	是	48	48	170	170
		67	沙集灌区	12200	10800	9716	9716	0.62	0.76		2	2	152	122	98	0	0	64	111	76	68	97	57	59	是	41	41	248	248
		68	岔河灌区	7200	7200	4500	4500	0.56	0.69		6	1	421	3	3	0	0	21	151	43	28	406	212	52	是	103	103	239	239
		69	银杏湖灌区	4573	3208	4704	3300	0.57	0.70		4	4	252	0	0	0	0	56			41	120	81	68	是	19	19	43	43
		70	邳城灌区	8000	8000	6400	6400	0.57	0.70		1	1	406	0	0	0	0	50	123	50		231	75	32	是	20	20	46	46
		71	民便河灌区	3900	3900	3000	3000	0.58	0.71		3	2	144	0	0	0	0	50	4	10	254	254	77	30	是	61	61	142	142
		72	沂运灌区	8954	8014	8954	8014	0.62	0.67		8	2	54	4	4	0	0	60				612	420	69	是	8	8	195	195
		73	高闸灌区	5929	5049	5929	5049	0.57	0.70		10	8	160	14	9	0	0	19	101	33	33	159	103	65	是	22	22	50	50
		74	棋新灌区	7972	7180	7972	7180	0.57	0.70		9	6	100	62	41	0	0	42	102	45	45	141	58	41	是	24	24	55	55
		75	沂水灌区	11524	9758	11524	9758	0.62	0.67		7	2	223	12	12	0	0	60	174	19	11	563	167	30	是	7	7	187	187
		76	木牢河灌区	10264	7698	9128	6846	0.57	0.70		2	2	301	14	14	24	24	51	210	101	48	670	230	34	是	91	91	213	213
		77	东风河灌区	1500	850	647	550	0.59	0.66		1	0	62	1	1	5	5	14	53	22	42	212	67	32	是	6	6	14	14
		78	子姚河灌区	1500	900	1250	750	0.59	0.66		1	0	71	4	4	5	5	47	39	13	33	68	31	46	是	14	14	34	34
一般中型灌区		79	河东灌区	2000	1500	1877	1407	0.61	0.68		5	2	66	6	6	0	0	31	17	5	18	82	25	30	是	14	14	33	33
		80	合沟灌区	1900	1450	1900	1450	0.61	0.68		3	2	67	0	0	0	0	37	18	5	28	97	78	80	是	11	11	26	26
		81	运南灌区	1000	710	1000	710	0.61	0.68		9	0	57	1	0	0	0	4	21	5	24	34	28	82	是	9	9	20	20
		82	二八河灌区	2000	1840	1304	1200	0.61	0.68		2	0	69	1	0	0	0	22	37	21	57	220	58	26	是	20	20	48	48

续表

灌区类型	序号	灌区名称	年可供水量（万m³）		年实供灌水量（万m³）		灌溉水利用效率		渠首工程（处）		骨干工程												灌区取水口是否计量	灌区计量情况			
											灌溉渠道（km）								排水沟（km）			渠沟道建筑物（座）				干支渠分水口（处）		灌区斗口（处）	
			总量	其中农业灌溉	总量	其中农业灌溉	灌水利用系数	其中骨干渠系水利用系数	数量	完好数量	总长	其中					完好率（%）	总长	完好长度	完好率（%）	总数	完好数量	完好率（%）		数量	其中有计量设施数	数量	其中有计量设施数
												村砌		灌溉管道														
												总长	完好长度	总长	完好长度												
1	2	3	4	5	6	7	8	9	10	11	12	13	14	15	16	17	18	19	20	21	22	23	24	25	26	27	28
重点中型灌区		常州市																									
	83	大溪水库灌区	10500	3300	7837	2467	0.63		6	6	61	23	13	0	0	83	324	257	82	386	308	83	是	44	44	27	28
	84	沙河水库灌区	4500	1500	3480	1160	0.63	0.74	3	3	30	1	0	0	0		170	139	82	222	185	83	是	19	19	104	104
			6000	1800	4357	1307		0.74	3	3	31	22	13	0	0	42	154	118	77	164	123	75	是	25	25	45	45
		南通市	239949	189554	177645	138088			132	113	10803	6354	4773	910	796	1760	15750	10152	1315	8803	6652	1660		1605	1605	59	59
	85	通扬灌区	27400	22000	17685	14200	0.59	0.73	0	0	2047	1486	1218	289	237	82	1963	1491	76	165	124	75	是	179	179	4100	4100
	86	焦港灌区	24800	20000	12400	10000	0.59	0.73	1	1	1214	887	710	102	82	80	1640	1230	75	135	98	73	是	96	96	417	417
	87	如皋港灌区	8100	6500	5608	4500	0.61	0.75	7	7	445	203	152	20	15	75	883	574	65	774	542	70	是	107	107	224	224
	88	红星灌区	7164	6714	6850	6420	0.61	0.75	1	1	582	311	294	15	15	85	594	540	91	190	171	90	是	208	208	251	251
	89	新通扬灌区	16573	15744	12932	11178	0.64	0.72	5	5	85	10	7	52	42	57	1448	1185	82	165	79	48	是	156	156	486	486
	90	丁堡灌区	8067	7664	6295	5441	0.64	0.72	8	5	102	64	37	24	23	59	220	140	63	187	126	67	是	16	16	57	57
	91	江海灌区	21585	17686	17268	14149	0.59	0.73	1	1	2449	1272	1095	52	48	55	1355	517	38	366	203	55	是	96	96	114	114
	92	九洋灌区	20507	16783	16406	13426	0.59	0.73	1	1	1489	996	328	23	21	36	1131	286	25	121	69	57	是	99	99	224	224
	93	马丰灌区	21552	16299	17242	13039	0.59	0.73	1	1	1002	556	463	87	84	48	632	150	24	622	400	64	是	74	74	230	230
	94	如环灌区	6773	5543	5418	4434	0.61	0.75	10	8	299	142	102	9	6	43	260	87	34	168	45	27	是	51	51	174	174
	95	新建河灌区	6278	4748	3798	2849	0.64	0.71	8	6	56	41	29	18	16	80	429	188	44	194	126	65	是	10	10	119	119
	96	掘苴灌区	5345	4042	3234	2425	0.64	0.71	6	6	48	29	18	23	20	88	278	158	57	185	111	60	是	10	10	10	10
	97	九遥河灌区	5862	4433	3547	2660	0.64	0.71	9	9	55	34	31	19	18	90	651	404	62	168	100	60	是	10	10	8	8
	98	九圩港灌区	18245	13798	14596	11039	0.60	0.68	1	1	85	67	55	21	21	89	2122	1606	76	109	82	75	是	48	48	850	850
重点中型灌区	99	余丰灌区	13072	9886	10458	7909	0.60	0.68	10	8	121	66	64	55	48	92	898	703	78	86	65	76	是	18	18	290	290
	100	团结灌区	13096	9904	10477	7923	0.60	0.68	9	6	98	91	72	18	17	91	488	373	76	44	34	77	是	383	383	383	383
	101	合南灌区	1832	1254	1548	1082	0.65	0.72	6	5	43	0	0	43	43	100				625	450	72	是	6	6	59	59
	102	三条港灌区	855	471	715	456	0.65	0.72	8	8	23	0	0	23	23	100				142	97	68	是	8	8	43	43

140

续表

灌区类型		序号	灌区名称	年可供水量（万 m³）		年实供灌水量（万 m³）		灌溉水利用效率		渠首工程		灌溉渠道（km）							骨干工程						灌区取水口是否计量	灌区计量情况			
														其中												干支渠分水口(处)		灌区斗口(处)	
				总量	其中农业灌溉	总量	其中农业灌溉	灌溉水利用系数	其中骨干渠系水利用系数	数量	完好数量	总长	衬砌总长	衬砌完好长度	灌溉管道总长	灌溉管道完好长度	完好率(%)	总长	完好长度	完好率(%)	总数	完好数量	完好率(%)		数量	其中有计量设施数	数量	其中有计量设施数
1		2	3	4	5	6	7	8	9	10	11	12	13	14	15	16	17	18	19	20	21	22	23	24	25	26	27	28
重点中型灌区		103	通兴灌区	1422	957	1026	719	0.65	0.72	10	10	13	0	0	3	3	60	180	144	80	175	106	61	是	6	6	27	28
		104	悦来灌区	3600	1600	3520	1532	0.61	0.70	10	10	53	46	41	0	0	77	150	90	60	1000	700	70	是	5	5	63	63
		105	常乐灌区	2940	1070	2620	800	0.64	0.72	8	8	54	12	10	8	8	63	280	180	64	1434	1434	100	是	8	8	15	15
		106	正余灌区	1950	800	1820	706	0.64	0.73	7	7	373	3	3	8	8	60	72	58	80	455	385	85	是	5	5	22	22
		107	余东灌区	1830	757	1450	600	0.64	0.71	4	4	48	36	36	0	0	75	78	51	65	800	760	95	是	4	4	28	28
一般中型灌区		108	长青沙灌区	1100	900	733	600	0.65	0.72	2	0	18	3	2	0	0	75				493	345	70	是	4	4	14	14
连云港市				146758	111594	132900	101039			166	132	6388	2920	2265	174	126		7597	6136		28887	23854			935	935	2184	2184
重点中型灌区		109	安峰山水库灌区	9334	7618	8925	7284	0.58	0.72	3	3	157	65	50	0	0	74	350	302	86	590	450	76	是	45	45	105	105
		110	红石渠灌区	1398	1007	1550	1117	0.58	0.72	4	4	112	25	25	0	0	60	126	54	43	486	245	50	是	26	26	62	62
		111	官沟河灌区	10237	9082	8386	7440	0.57	0.70	9	9	1073	317	232	2	2	92	1019	920	90	4268	3750	88	是	77	77	181	181
		112	叮当河灌区	9746	7982	7530	6167	0.57	0.70	7	7	795	310	260	15	12	89	813	752	92	3920	3680	94	是	85	85	198	198
		113	界北灌区	13067	8682	10660	7083	0.57	0.70	7	7	859	490	370	12	12	97	1362	1103	81	4923	4510	92	是	122	122	285	285
		114	界南灌区	13949	8641	12164	7535	0.56	0.69	5	5	513	290	260	0	0	98	966	870	90	2951	2423	82	是	45	45	106	106
		115	一条岭灌区	7398	4835	5889	3849	0.56	0.69	4	4	693	205	156	23	20	89	516	378	73	2678	2423	90	是	57	57	134	134
		116	柴沂灌区	4379	3036	4379	3036	0.58	0.72	10	7	87	29	18	1	1	65	142	102	72	565	435	77	是	13	13	29	29
		117	柴塘灌区	5086	3590	5086	3590	0.58	0.72	6	6	139	54	30	2	2	60	183	128	70	629	459	73	是	17	17	39	39
		118	洁中灌区	18000	17380	18000	17380	0.56	0.69	10	5	466	404	287	0	0	80	672	504	75	2691	2099	78	是	71	71	165	165
		119	灌北灌区	9800	9600	9392	9200	0.58	0.72	10	10	327	236	192	2	2	75	389	292	75	962	769	80	是	47	47	109	109
		120	淮涟灌区	15600	6900	15600	6900	0.58	0.72	10	8	160	72	49	4	4	80	246	179	73	693	540	78	是	29	29	69	69
		121	沂南灌区	4400	4200	4400	4200	0.58	0.72	10	10	150	118	97	12	12	73	190	152	80	469	380	81	是	17	17	41	41
		122	古城翻水站灌区	1700	1700	1600	1600	0.58	0.72	1	1	64	9	9	20	20	64	66	33	51	89	52	58	是	8	8	18	18

141

续表

灌区类型	序号	灌区名称	年可供水量(万m³) 总量	年可供水量 其中农业灌溉	年实供灌水量(万m³) 总量	年实供灌水量 其中农业灌溉	灌溉水利用效率 灌溉水利用系数	灌溉水利用效率 其中骨干渠系水利用系数	渠首工程(处) 数量	渠首工程(处) 完好数量	骨干工程(km) 灌溉渠道 总长	骨干工程 衬砌 总长	骨干工程 衬砌 完好长度	骨干工程 其中 灌溉管道 总长	骨干工程 其中 灌溉管道 完好长度	完好率(%)	骨干工程 排水沟 总长	骨干工程 排水沟 完好长度	完好率(%)	渠沟道建筑物(座) 总数	渠沟道建筑物 完好数量	完好率(%)	灌区取水口是否计量	干支渠分水口(处) 数量	干支渠分水口 其中有计量设施数	灌区斗口(处) 数量	灌区斗口 其中有计量设施数
1	2	3	4	5	6	7	8	9	10	11	12	13	14	15	16	17	18	19	20	21	22	23	24	25	26	27	28
一般中型灌区	123	昌黎水库灌区	2000	950	2000	950	0.60	0.70	8	7	4	2	1	0	0	20	3	2	80	16	2	13	是	36	36	27	28
	124	羽山水库灌区	580	580	520	520	0.60	0.70	2	2	9	2	2	0	0	35	13	10	77	46	34	74	是	37	37	84	84
	125	贺庄水库灌区	1000	800	938	750	0.60	0.70	2	3	65	47	37	0	0	78	69	53	77	85	51	60	是	42	42	86	86
	126	横沟水库灌区	2200	1000	2200	1000	0.60	0.70	1	1	14	1	1	0	0	92	14	0	2	18	16	89	是	37	37	98	98
	127	房山水库灌区	1000	940	957	900	0.60	0.70	8	8	30	10	10	0	0	100	20	15	77	15	12	80	是	4	4	86	86
	128	大石埠水库灌区	900	600	450	300	0.61	0.71	6	6	49	6	4	0	0	80	87	68	78	118	46	39	是	29	29	9	9
	129	陈枝水库灌区	650	420	387	250	0.61	0.71	2	2	39	12	9	0	0	85	56	47	84	99	41	41	是	21	21	67	67
	130	芦贺水库灌区	300	100	240	80	0.61	0.71	1	1	66	11	4	66	33	50	23	14	61	479	287	60	是	8	8	49	49
	131	灌西盐场灌区	1866	1582	1807	1532	0.61	0.71	8	6	115	22	22	0	0	100	27	27	100	321	298	93	是	3	3	20	20
	132	运西灌区	2600	2200	2600	2200	0.61	0.71	10	2	57	41	16	0	0	65	90	58	65	347	215	62	是	11	11	7	7
	133	阚岭翻水站灌区	819	819	516	516	0.60	0.70	2	2	53	21	15	0	0	59	35	11	32	437	158	36	是	9	9	27	27
一般中型灌区	134	八条路水库灌区	2000	600	1520	456	0.60	0.71	1	1	83	4	40	5	4	54	45	22	49	326	112	34	是	9	9	20	20
	135	王集水库灌区	100	100	79	79	0.61	0.71	5	1	36	11	4	10	3	33	18	6	33	42	22	52	是	5	5	13	13
	136	红领巾水库灌区	323	323	258	258	0.60	0.70	2	2	16	0	0	4	3	56	6	1	18	37	14	38	是	2	2	4	4
	137	横山水库灌区	166	166	16	16	0.61	0.71	2	2	3	2	1	1	0	40	8	3	38	400	200	50	是	2	2	4	4
	138	孙庄灌区	3360	3360	2646	2646	0.60	0.71	3	3	95	58	36	2	0	57	24	16	67	102	75	74	是	12	12	28	28
	139	刘顶灌区	2800	2800	2205	2205	0.60	0.70	2	2	60	45	30	0	0	60	21	12	57	85	56	66	是	9	9	21	21
重点中型灌区		淮安市	85588	77975	72133	65122			52	37	1999	637	559	127	111		1984	1366		5298	3524			657	657	1526	1526
	140	运西灌区	12000	9500	12000	9500	0.57	0.70	2	0	155	55	54	0	0	86	252	158	63	348	245	70	是	86	86	200	200
	141	淮南圩灌区	5878	5878	5700	5700	0.57	0.70	3	3	423	122	115	44	34	80	113	90	80	924	554	60	是	80	80	186	186
	142	利农河灌区	4779	4779	4355	4355	0.58	0.72	1	1	256	73	60	11	9	85	190	135	71	473	310	66	是	85	85	197	197
	143	官塘灌区	2750	2750	2695	2695	0.59	0.73	1	1	55	7	5	0	0	91	18	14	80	60	50	83	是	18	18	42	42

续表

灌区类型	序号	灌区名称	年可供水量(万 m³) 总量	年可供水量 其中农业灌溉	年实供灌水量(万 m³) 总量	年实供灌水量 其中农业灌溉	灌溉水利用系数	灌溉水利用率 其中骨干渠系水利用系数	渠首工程(处) 数量	渠首工程(处) 完好数量	灌溉渠道(km) 总长	其中 衬砌 总长	其中 衬砌 完好长度	其中 灌溉管道 总长	其中 灌溉管道 完好长度	完好率(%)	排水沟(km) 总长	排水沟 完好长度	完好率(%)	渠沟道建筑物(座) 总数	完好数量	完好率(%)	灌区取水口是否计量	干支渠口(处) 数量	其中有计量设施数	灌区斗口(处) 数量	其中有计量设施数
1	2	3	4	5	6	7	8	9	10	11	12	13	14	15	16	17	18	19	20	21	22	23	24	25	26	27	28
重点中型灌区	144	连中灌区	15072	13564	11292	10162	0.57	0.70	1	0	146	75	66	0	0	92	89	75	83	685	562	82	是	25	26	27	28
	145	顺河洞灌区	8025	5850	7956	5800	0.58	0.72	5	5	210	73	69	5	5	95	205	184	90	352	316	90	是	7	7	16	16
	146	蛇家坝灌区	6323	5135	5347	4342	0.58	0.72	4	4	115	8	7	35	35	95	122	105	86	440	375	85	是	19	19	43	43
	147	东灌区	8363	8363	7650	7650	0.57	0.70	10	2	86	13	13	3	3	47	144	61	42	231	98	42	是	14	14	32	32
	148	官滩灌区	1323	1323	1100	1100	0.59	0.73	2	2	33	3	3	0	0	9	2	1	50	76	38	50	是	107	107	251	251
	149	桥口灌区	3062	3062	1800	1800	0.59	0.73	2	1	27	0	0	0	0	19	10	5	50	79	38	13	是	10	10	24	24
	150	饱庄灌区	2509	2509	1200	1200	0.59	0.73	2	2	29	8	8	0	0	34	14	7	50	117	22	19	是	11	11	26	26
	151	河桥灌区	3100	3100	500	500	0.59	0.73	2	1	48	13	13	0	0	28	30	5	17	178	72	40	是	13	13	31	31
	152	三墩灌区	1200	1200	720	720	0.59	0.73	1	0	33	2	2	0	0	5	3	1	31	152	43	28	是	18	18	41	41
	153	临湖灌区	8122	7880	7396	7176	0.57	0.70	5	1	128	115	86	16	12	75	535	321	60	994	696	70	是	42	42	97	97
一般中型灌区	154	振兴圩灌区	1578	1578	1200	1200	0.60	0.71	5	5	135	39	30	0	0	80	135	108	80	69	45	65	是	115	115	267	267
	155	洪湖圩灌区	995	995	772	772	0.61	0.71	5	5	72	19	19	13	13	91	72	57	80	78	60	77	是	21	21	48	48
	156	郑家圩灌区	510	510	450	450	0.61	0.71	5	5	48	13	13	0	0	84	51	40	78	42	28	67	是	6	6	14	14
盐城市			223505	173155	214611	165849			198	140	6278	1709	1264	256	230		15548	12604		39533	26432			5	5	11	11
重点中型灌区	157	六套干渠灌区	7500	5700	7500	5700	0.62	0.71	4	2	80	14	14	13	13	60	850	520	61	750	500	67	是	941	941	2941	2941
	158	淮北干渠灌区	4680	2900	4680	2900	0.62	0.70	3	2	58	11	7	10	10	60	620	390	63	680	440	65	是	20	20	100	100
	159	黄响河灌区	6890	6600	6890	6600	0.62	0.71	3	1	74	55	55	8	8	85	780	472	61	710	510	72	是	15	15	75	75
	160	大寨河灌区	3600	3500	3600	3500	0.62	0.69	2	1	46	10	6	6	6	60	490	298	61	620	360	58	是	13	13	65	65
	161	双南干渠灌区	8450	7600	8450	7600	0.62	0.71	3	2	96	17	10	15	15	60	990	610	62	830	470	57	是	10	10	50	50
	162	南干渠灌区	3480	3600	3480	3600	0.62	0.70	2	1	43	30	25	8	8	77	470	296	63	650	430	66	是	23	23	115	115
	163	陈涛灌区	17485	11598	17485	11598	0.57	0.70	2	2	1266	345	242	9	9	52	763	393	52	11359	6598	58	是	13	13	65	65
	164	南干灌区	17130	10618	17130	10618	0.57	0.70	5	4	366	129	96	13	13	87	199	185	93	3201	2503	78	是	60	60	139	139
																								14	14	32	32

143

续表

灌区类型	序号	灌区名称	年可供水量(万m³)总量	其中农业灌溉	年实供灌水量(万m³)总量	其中农业灌溉	灌溉水利用系数	其中骨干渠系水利用系数	渠首工程(处)数量	完好数量	灌溉渠道(km)总长	衬砌总长	完好长度	灌溉管道总长	完好长度	完好率(%)	骨干工程排水沟(km)总长	完好长度	完好率(%)	渠沟道建筑物(座)总数	完好数量	完好率(%)	灌区取水口是否计量	干支渠分水口(处)数量	其中有计量设施数	灌区斗口(处)数量	其中有计量设施数
1	2	3	4	5	6	7	8	9	10	11	12	13	14	15	16	17	18	19	20	21	22	23	24	25	26	27	28
重点中型灌区	165	张弓灌区	17230	11065	17230	11065	0.57	0.70	3	3	996	462	345	41	19	69	785	570	73	9776	5494	56	是	24	24	27	28
	166	渠北灌区	19439	10670	22700	12460	0.58	0.72	2	1	78	16	16	0	0	95	105	99	95	236	224	95	是	45	45	57	57
	167	沟墩灌区	4701	3979	3600	3600	0.67	0.72	2	2	27	23	19	3	3	69	4320	4280	99	1830	1756	96	是	6	6	105	105
	168	陈良灌区	2809	2809	2471	2471	0.67	0.72	5	4	15	0	0	0	0	100	2751	2710	99	1200	1110	92.5	是	7	7	48	48
	169	吴滩灌区	3165	3111	2605	2605	0.67	0.72	3	2	503	1	1	10	7	67	503	499	99	2100	1953	93	是	5	5	55	55
	170	川南灌区	4000	3620	2470	2235	0.58	0.72	5	5	98	48	32	3	3	64	55	35	64	232	202	87	是	16	16	44	44
	171	斗西灌区	5200	5200	4800	4800	0.65	0.60	1	0	36	20	20	16	16	100	116	116	100	25	25	90	是	5	5	36	36
	172	斗北灌区	3600	3200	3600	2500	0.63	0.68	10	10	94	49	29	45	45	79	209	179	86	371	284	77	是	12	12	16	16
	173	红旗灌区	5818	3782	5235	3403	0.60	0.74	4	2	80	0	0	0	0	25	95	75	79	120	82	68	是	10	10	54	54
	174	陈洋灌区	9196	5518	8276	4966	0.58	0.72	3	3	72	0	0	0	0	32	102	80	78	130	90	69	是	13	13	24	24
	175	舒西灌区	5333	4846	4443	4039	0.63	0.69	10	8	88	0	0	0	0	31	112	32	29	124	74	60	是	0	0	31	31
	176	东南灌区	5218	4846	4972	4618	0.58	0.72	10	5	251	75	52	0	0	65			70	494	336	68	是	94	94	95	95
	177	龙冈灌区	3874	3598	3692	3429	0.60	0.74	4	2	198	105	73	4	4	68	132	92	70	538	430	80	是	132	132	219	219
	178	红九灌区	7207	6486	6558	5902	0.65	0.80	5	5	174	12	12	0	0	72				193	166	86	是	5	5	307	307
	179	大纵湖灌区	4906	4415	4464	4017	0.65	0.80	3	2	53	4	4	0	0	70				137	111	81	是	3	3	35	35
	180	学富灌区	4300	3870	3913	3521	0.60	0.74	9	6	91	6	6	0	0	71				133	117	88	是	9	9	40	40
重点中型灌区	181	盐东灌区	1540	1015	1540	1015	0.60	0.74	5	3	183	101	72	5	5	67	125	105	84	488	366	75	是	119	119	279	279
	182	黄尖灌区	2720	1670	2720	1670	0.65	0.68	2	2	64	0	0	6	6	52	72	42	59	50	26	52	是	132	132	307	307
	183	上冈灌区	13170	12500	12232	12232	0.65	0.68	9	4	341	10	7	0	0	70	393	287	70	80	71	89	是	24	24	107	107
	184	宝塔灌区	2380	2239	2195	2195	0.65	0.68	10	9	110	4	3	0	0	70				164	141	86	是	22	22	53	53
	185	高作灌区	2840	2676	2598	2598	0.65	0.68	8	7	120	4	4	0	0	70				116	80	69	是	23	23	64	64
	186	庆丰灌区	4020	3827	3752	3752	0.65	0.68	9	7	160	5	4	4	4	70							是	22	22	68	68

续表

灌区类型	序号	灌区名称	年可供水量(万 m³) 总量	其中农业灌溉	年实供灌水量(万 m³) 总量	其中农业灌溉	灌溉水利用效率 灌溉水利用系数	其中骨干渠系水利用系数	渠首工程(处) 数量	完好数量	灌溉渠道(km) 总长	衬砌总长	衬砌完好长度	灌溉管道总长	灌溉管道完好长度	完好率(%)	骨干工程排水沟(km) 总长	完好长度	完好率(%)	渠沟道建筑物(座) 总数	完好数量	完好率(%)	灌区取水口是否计量	灌区干支渠分水口(处) 数量	其中有计量设施数	灌区斗口(处) 数量	其中有计量设施数
1	2	3	4	5	6	7	8	9	10	11	12	13	14	15	16	17	18	19	20	21	22	23	24	25	26	27	28
一般中型灌区	187	盐建灌区	4130	3830	3816	3816	0.65	0.68	10	9	170	5	4	5	5	70	110			190	146	77	是	25	26	27	28
	188	花元灌区	1907	1241	1715	1116	0.61	0.71	5	4	11	11	3	0	0	30	160	50	45	100	30	30	是	12	12	72	72
	189	川彭灌区	3805	2356	3424	2120	0.61	0.71	5	3	27	27	8	0	0	30	160	75	47	180	50	30	是	4	4	9	9
	190	安东灌区	2961	1984	2664	1785	0.61	0.71	6	4	30	0	0	12	12	40	58	15	26	90	40	28	是	6	6	15	15
	191	跃中灌区	2188	1488	1969	1339	0.61	0.71	4	3	9	3	0	0	0	28	66	25	38	85	20	24	是	5	5	11	11
	192	东厦灌区	1078	744	969	669	0.61	0.71	4	2	22	1	1	0	0	50	148	89	60	86	60	70	是	4	4	8	8
	193	王开灌区	1343	806	1208	725	0.61	0.71	6	3	17	0	0	0	0	59	115	60	52	200	85	43	是	3	3	4	4
	194	安石灌区	1487	992	1337	892	0.61	0.71	7	4	12	0	0	0	0	58	62	28	45	80	45	56	是	3	3	6	6
	195	三圩灌区	1777	1777	1480	1480	0.67	0.72	2	2	93	81	73	7	7	91	177	175	99	306	297	97	是	2	2	8	8
	196	东里灌区	948	879	748	697	0.692	0.73	2	2	27	27	25	12	12	91	10		89	486	423	87	是	4	4	32	32
		扬州市	219490	178161	192165	155279			166	133	9768	1445	1207	168	159		5605	4493		17825	11353			3787	3787	8886	8886
重点中型灌区	197	永丰灌区	21478	17182	10769	8615	0.60	0.74	3	3	244	68	58	24	24	85	323	284	88	291	175	60	是	468	468	1092	1092
	198	庆丰灌区	19980	15985	14797	11838	0.60	0.74	5	5	209	17	17	0	0	85	330	280	85	758	530	70	是	214	214	500	500
	199	临城灌区	8634	6907	5850	4680	0.61	0.75	2	2	117	20	19	1	1	88	88	75	85	517	388	75	是	218	218	508	508
	200	泾河灌区	6740	5496	8188	6677	0.60	0.74	2	2	208	23	23	0	0	74	224	202	90	463	324	70	是	192	192	448	448
	201	宝射河灌区	19614	15690	19614	15690	0.58	0.72	6	6	237	52	46	18	11	80	581	465	80	749	524	70	是	250	250	582	582
	202	宝应灌区	23720	18980	23720	18980	0.58	0.72	8	8	279	125	112	8	8	80	496	407	82	762	495	65	是	353	353	824	824
	203	司徒灌区	12126	7491	11904	7354	0.60	0.74	8	4	313	35	28	11	11	85	477	396	83	1292	685	53	是	119	119	277	277
	204	汉留灌区	8125	5988	8084	5958	0.60	0.74	8	5	708	43	37	14	14	85	115	93	81	315	142	45	是	140	140	326	326
	205	三峡灌区	6846	5468	6775	5411	0.60	0.74	9	5	689	77	59	12	12	81	231	180	78	724	348	48	是	164	164	382	382
	206	向阳河灌区	7455	4968	7156	4769	0.60	0.74	10	6	1341	62	51	27	27	77	96	81	84	636	318	50	是	124	124	290	290
	207	红旗河灌区	15912	14886	16765	15684	0.59	0.73	1	1	432	130	117	0	0	83				1285	1105	86	是	95	95	221	221

145

续表

灌区类型	灌区类型	序号	灌区名称	年可供水量(万 m³)		年实供灌水量(万 m³)		灌溉水利用效率		渠首工程(处)		骨干工程												灌区计量情况			
				总量	其中农业灌溉	总量	其中农业灌溉	灌溉水利用系数	其中骨干系水利用系数	数量	完好数量	灌溉渠道(km)						排水沟(km)			渠沟道建筑物(座)			灌区取水口是否计量	干支渠分水口(处)		灌区斗口(处)	
												总长	衬砌		其中		完好率(%)	总长	完好长度	完好率(%)	总数	完好数量	完好率(%)		数量	其中有计量设施数	数量	其中有计量设施数
													总长	完好长度	灌溉管道总长	完好长度											
1	2		3	4	5	6	7	8	9	10	11	12	13	14	15	16	17	18	19	20	21	22	23	24	25	26	27	28
重点中型灌区		208	团结河灌区	7090	5421	7090	5421	0.60	0.74	1	1	738	140	124	3	3	85	297	249	84	285	207	73	是	212	212	27	27
		209	三阳河灌区	9010	6891	9010	6891	0.60	0.74	1	1	1921	107	96	4	4	85	553	476	86	1965	1271	65	是	262	262	495	495
		210	野田河灌区	8850	6752	8850	6752	0.60	0.74	1	1	1098	68	58	4	4	85	677	576	85	840	621	74	是	255	255	610	610
		211	向阳河灌区	3610	2755	3433	2755	0.65	0.72	1	1	37	17	17	2	2	60	194	161	83	1453	607	42	是	112	112	596	596
		212	塘田灌区	3000	3000	1876	1876	0.61	0.75	7	7	20	18	9	0	0	46	19	9	47	60	30	50	是	2	2	255	255
		213	月塘灌区	4767	4767	4352	4352	0.62	0.71	4	4	58	44	44	7	7	88	33	18	55	110	70	64	是	10	10	6	6
		214	沿江灌区	5572	5211	5211	4350	0.60	0.74	9	9	685	216	141	8	8	70	476	264	55	4140	2817	68	是	388	388	50	50
		215	甘泉灌区	1100	1100	840	840	0.62	0.73	3	2	5	5	5	5	5	98	54		33				是	12	12	906	906
一般中型灌区		216	杨寿灌区	1150	1100	1098	1050	0.62	0.73	10	5	65	28	23	3	3	75	85	3		85	43	51	是	15	15	27	27
		217	沿湖灌区	2000	1881	2000	1881	0.61	0.71	9	8	79	16	12	7	7	82	11	3	27	55	40	73	是	6	6	35	35
		218	方翻灌区	2976	2580	2976	2580	0.61	0.71	7	6	63	11	9	6	6	97	210	160	76	60	36	60	是	16	16	14	14
		219	槐洞灌区	1700	1400	1500	1130	0.62	0.70	10	6	16	25	21	4	4	60	33	25	76	89	46	52	是	33	33	38	38
		220	红星灌区	600	600	450	450	0.62	0.73	2	4	6	6	3	0	0	45	3	1	27	40	20	50	是	8	8	87	87
		221	凤岭灌区	600	600	600	510	0.63	0.71	4	4	6	6	5	0	0	83	4	1	25	12	10	83	是	4	4	19	19
		222	朱桥灌区	1200	1200	1200	803	0.62	0.71	7	7	13	12	11	7	7	69	12	5	42	88	53	60	是	12	12	8	8
		223	稽山灌区	1100	1100	669	669	0.62	0.73	3	3	35	27	25	6	6	86	4	3	63	156	125	80	是	17	17	28	28
		224	东风灌区	1200	1200	751	751	0.63	0.70	3	1	30	18	14	0	0	80	4	2	50	123	90	73	是	15	15	41	41
		225	白羊山灌区	1692	1692	1606	1606	0.62	0.71	3	3	9	4	4	4	1	60	10	6	67	63	20	32	是	3	3	35	35
		226	刘集红光灌区	1400	1400	843	843	0.62	0.73	4	3	12	12	11	0	0	92	10	7	70	30	30	100	是	17	17	28	28
		227	高胥灌区	2300	2300	1103	1103	0.62	0.73	3	3	23	6	6	0	0	61	25	18	72	55	30	55	是	7	7	39	39
		228	红旗灌区	1600	1600	730	730	0.62	0.73	3	3	18	7	7	0	0	56	4	2	50	48	24	50	是	3	3	15	15
		229	秦桥灌区	1100	1100	440	440	0.62	0.73	2	2	8	6	6	1	1	25	2	1	60	32	13	41	是	3	3	7	7

续表

灌区类型	序号	灌区名称	年可供水量（万m³）总量	其中农业灌溉	年实供灌水量（万m³）总量	其中农业灌溉	灌溉水利用系数	其中骨干渠系水利用系数	渠首工程（处）数量	完好数量	灌溉渠道(km)总长	其中衬砌总长	完好长度	灌溉管道总长	完好长度	完好率(%)	骨干工程 排水沟(km)总长	完好长度	完好率(%)	渠沟道建筑物(座)总数	完好数量	完好率(%)	灌区取水口是否计量	干支渠分水口（处）数量	其中有计量设施数	灌区斗口（处）数量	其中有计量设施数
1	2	3	4	5	6	7	8	9	10	11	12	13	14	15	16	17	18	19	20	21	22	23	24	25	26	27	28
一般中型灌区	230	通新集灌区	800	800	662	662	0.62	0.73	2	2	6	6	5	0	0	83	2	2	80	60	54	90	是	5	5	5	13
	231	烟台山灌区	517	299	451	261	0.62	0.73	1	1	7	2	1	0	0	23	2	1	50	42	8	19	是	22	22	22	13
	232	青山灌区	3000	2300	459	352	0.62	0.73	4	1	11	3	2	0	0	56	21	18	86	36	11	31	是	4	4	4	51
	233	十二圩灌区	926	630	830	565	0.62	0.73	1	1	24	0	0	0	0	35	37	22	60	52	21	40	是	7	7	7	8
镇江市			38398	23692	30716	17858			11	9	479	136	129	43	43		509	353		2966	2290			90	90	212	17
重点中型灌区	234	北山灌区	12625	9708	9441	7260	0.60	0.74	3	3	154	47	47	12	12	70	248	177	71	718	539	75	是	47	47	110	212
	235	赤山湖灌区	15472	7554	15357	7498	0.60	0.74	5	5	290	68	62	25	25	75	189	139	73	2141	1672	78	是	30	30	70	110
	236	长山灌区	7415	3544	5398	2580	0.62	0.77	1	1	21	16	16	0	0	84	65	35	54	67	54	81	是	4	4	4	70
一般中型灌区	237	小辛灌区	1850	1850	315	315	0.64	0.75	1	0	11	4	4	6	6	38	3	2	50	25	15	60	是	4	4	13	10
	238	后马灌区	1036	1036	205	205	0.64	0.75	1	0	5	1	1	0	0	44	3	1	33	15	10	67	是	4	4	9	13
泰州市			118544	88709	106496	79078			21	21	3609	1738	1485	199	178		2108	1636		14571	12606			1897	1897	4900	9
重点中型灌区	239	孤山灌区	7998	7902	6913	6830	0.62	0.77	3	3	134	0	0	8	8	73			45	983	897	91	是	34	34	79	4900
	240	黄桥灌区	20006	17020	18619	15840	0.62	0.77	1	1	1456	842	620	36	36	56	846	381		8072	6861	85	是	853	853	1989	79
	241	高港灌区	10877	5111	12556	5900	0.62	0.77	1	1	172	120	120	0	0	73				278	255	92	是	95	95	223	1989
	242	溱潼灌区	20365	17096	20365	17096	0.62	0.77	1	1	1246	565	534	44	23	96	1047	1040	99	3571	3063	86	是	508	508	1186	223
	243	周山河灌区	35599	24500	28451	19580	0.62	0.77	1	1	476	157	157	111	111	85				1242	1120	90	是	371	371	866	1186
	244	卤西灌区	5100	3500	4500	3200	0.64	0.80	1	1	37	9	9	0	0	60	215	215	100	268	268	100	是	12	12	65	866
	245	西部灌区	15169	11000	12309	8671	0.63	0.73	8	8	64	43	43	0	0	67				125	114	91	是	19	19	181	65
一般中型灌区	246	西来灌区	3430	2580	2783	1961	0.63	0.70	5	5	24	2	2	0	0	60				32	28	88	是	5	5	311	181

147

续表

灌区类型	序号	灌区名称	年可供水量(万 m³) 总量	其中农业灌溉	年实供灌水量(万 m³) 总量	其中农业灌溉	灌溉水利用效率 灌溉水利用系数	其中骨干渠系水利用系数	渠首工程(处) 数量	完好数量	渠道工程 总长	灌溉渠道(km) 其中衬砌 总长	完好长度	灌溉管道 总长	完好长度	完好率(%)	骨干工程 排水沟(km) 总长	完好长度	完好率(%)	渠沟道建筑物(座) 总数	完好数量	完好率(%)	灌区取水口是否计量	灌区计量情况 干支渠分水口(处) 数量	其中有计量设施数	灌区斗口(处) 数量	其中有计量设施数
1	2	3	4	5	6	7	8	9	10	11	12	13	14	15	16	17	18	19	20	21	22	23	24	25	26	27	28
		宿迁市	109760	85201	103751	77402			46	27	1515	437	317	0	0		873	441		5086	2685			320	320	1388	1388
重点中型灌区	247	皂河灌区	26999	10632	31588	12439	0.57	0.70	2	2	235	163	137	0	0	98	380	185	49	705	390	55	是	58	58	136	136
	248	嶂山灌区	5100	3800	4912	3660	0.59	0.73	4	0	188	84	59	0	0	60	58	32	55	860	445	52	是	18	18	42	42
	249	柴沂灌区	7750	6975	7319	6588	0.57	0.70	2	0	132	34	34	0	0	45	85	41	48	675	405	60	是	25	25	58	58
	250	古泊灌区	12378	11140	11690	10521	0.57	0.70	1	1	115	0	0	0	0	50	109	39	36	265	95	36	是	22	22	51	51
	251	淮西灌区	12293	11063	11610	10449	0.57	0.70	3	3	64	6	6	0	0	69	65	32	50	230	149	65	是	6	6	13	13
	252	沙河灌区	8478	7630	8007	7206	0.57	0.70	1	1	74	0	0	0	0	48	77	43	56	342	136	40	是	5	5	11	11
	253	新北灌区	4713	4241	4451	4006	0.58	0.72	2	2	37	7	7	0	0	19	23	6	25	255	153	60	是	11	11	27	27
	254	新华灌区	6665	6098	6108	5588	0.57	0.70	2	1	15	15	7	0	0	46	60	55	92	63	40	63	是	19	19	44	44
	255	安东河灌区	8000	7600	7000	6650	0.62	0.85	1	1	276	53	27	0	0	52				406	256	63	是	54	54	237	237
	256	蔡圩灌区	7500	7125	4200	3990	0.61	0.80	4	1	151	16	6	0	0	40				573	269	47	是	30	30	334	334
	257	车门灌区	1800	1720	1700	1600	0.61	0.85	6	4	82	15	11	0	0	69				145	70	48	是	18	18	105	105
	258	雪枫灌区	5600	5320	3000	2850	0.61	0.80	6	5	130	33	14	0	0	43				500	253	51	是	40	40	296	296
一般中型灌区	259	红旗灌区	1244	872	1037	872	0.60	0.70	5	3	8	4	3	0	0	54	8	4	52	28	10	36	是	6	6	14	14
	260	曹庙灌区	1242	984	1129	984	0.60	0.70	7	3	10	8	6	0	0	74	10	5	49	39	14	36	是	8	8	20	20
		监狱农场	16734	16734	13537	13537			27	15	417	326	212	2	2		542	370		15088	7798			30	30	171	171
重点中型灌区	261	大中农场灌区	4400	4400	3852.5	3853	0.65	0.75	4	4	58	39	38	0	0	65	72	50	69	21	15	71	是	6	6	50	50
	262	五图河农场灌区	4293	4293	3074	3074	0.65	0.75	12	5	59	46	16	1	1	60	161	48	30	3500	1400	40	是	12	12	60	60
	263	东辛农场灌区	2900	2900	2900	2900	0.58	0.72	10	5	234	174	122	1	1	70	309	272	88	7567	3783	50	是	4	4	9	9
	264	洪泽湖农场灌区	5141	5141	3710	3710	0.65	0.75	1	1	67	67	37	1	1	56				4000	2600	65	是	8	8	52	52
		全省合计	1541004	1239111	1344846	1073853			1163	880	50036	17685	13594	2028	1784		55407	40161	72	154396	106524	69		12284	12284	32417	32417

附表3 江苏省中型灌区管理情况表

灌区类型	灌区类别	序号	灌区名称	管理单位名称	管理单位性质			管理类型		管理人员数量(人)			管理人员经费(万元)		工程维修养护经费(万元)		农民用水户协会		用水合作组织其他	
					纯公益性	准公益性	经营性	专管	兼管	总数	定编人数	其中专管人员数量	核定	落实	核定	落实	数量(个)	管理面积(万亩)	数量(个)	管理面积(万亩)
1	2	3	4		5	6	7	8	9	10	11	12	13	14	15	16	17	18	19	20
			南京市		38	0	0	8	30	380	217	290	3983	3837	4269	5293	77	168	0	0
重点中型灌区		1	横溪河-赵村水库灌区	横溪河灌区管理所	√			√		11	0	8	60	60	189	209	1	12.60	0	0.00
		2	江宁河灌区	江宁河灌区管理所	√			√		5	0	4	30	30	30	153	1	10.20	0	0.00
		3	汤水河灌区	汤山街道水务站	√				√	16	10	10	160	160	25	257	1	1.20	0	0.00
		4	周岗圩灌区	湖熟街道水务站	√				√	13	8	8	130	130	60	114	1	3.40	0	0.00
		5	三岔灌区	星甸街道水务站	√				√	10	6	6	120	120	200	200	1	4.50	0	0.00
		6	侯家坝灌区	桥林街道水务站	√				√	6	6	6	120	100	200	200	1	4.50	0	0.00
		7	溧湖提灌区	溧湖街道提水办	√			√		6	6	6	100	100	200	135	1	8.90	0	0.00
		8	石白湖灌区	洪蓝镇水务站	√				√	32	0	16	256	256	20	107	1	3.50	0	0.00
		9	永丰圩灌区	阳江镇水务站	√				√	11	6	6	28	25	107	290	30	7.15	0	0.00
		10	新禹河灌区	雄州水务站	√				√	19	19	19	270	150	290	215	3	16.00	0	0.00
		11	金牛湖灌区	金牛水务站	√				√	21	21	21	298	298	144	420	4	12.00	0	0.00
		12	山湖灌区	程桥水务站	√				√	27	23	23	384	213	185	75	3	28.00	0	0.00
一般中型灌区		13	东阳万安圩灌区	湖熟街道水务站	√				√	13	8	8	130	130	60	30	2	3.82	0	0.00
		14	五圩灌区	样口街道水务站	√				√	7	5	5	39	39	30	38	1	1.50	0	0.00
		15	下坝灌区	谷里街道水务站	√				√	4	4	4	40	40	25	31	1	1.40	0	0.00
		16	三合圩灌区	江宁街道水务站	√				√	6	6	6	42	42	30	300	1	2.04	0	0.00
		17	石桥灌区	永宁街道水务站	√				√	12	8	8	160	160	300	200	1	2.81	0	0.00
		18	北城圩灌区	星甸街道水务站	√				√	6	6	6	120	120	200	300	1	4.50	0	0.00
		19	草场圩灌区	永宁街道水务站	√				√	8	8	8	160	160	300	300	1	1.90	0	0.00
		20	浦口沿江灌区	永宁街道水务站	√				√	8	8	8	160	160	300	350	1	1.00	0	0.00
		21	浦口沿滁灌区	桥林街道水务站	√				√	8	6	2	200	200	350	280	1	2.22	0	0.00
		22		汤泉街道水务站	√				√	8	8	2	160	160	280	100	1	1.51	0	0.00
		23	方便灌区	东屏水务站	√				√	2	2	2	60	60	100	100	1	4.80	0	0.00

149

续表

灌区类型	序号	灌区名称	管理单位名称	管理单位类别			管理类型		管理人员数量(人)				管理人员经费(万元)		工程维修养护经费(万元)		用水合作组织			
^	^	^	^	纯公益性	准公益性	经营性	专管	兼管	总数	定编人数	其中专管人员数量	^	核定	落实	核定	落实	农民用水户协会		其他	
^	^	^	^	^	^	^	^	^	^	^	^	^	^	^	^	^	数量(个)	管理面积(万亩)	数量(个)	管理面积(万亩)
1	2	3	4	5	6	7	8	9	10	11	12	^	13	14	15	16	17	18	19	20
一般中型灌区	24	卧龙水库灌区	卧龙水库管理所	√			√		4	4	4		25	25	20	58	1	3.84	0	0.00
^	25	无想寺水库灌区	无想寺水库管理所	√			√		2	2	2		40	40	20	30	1	1.10	0	0.00
^	26	毛公铺灌区	和凤镇水务站	√				√	2	2	2		20	20	20	24	1	3.50	0	0.00
^	27	明觉环山河灌区	石湫镇水务站	√				√	2	2	2		15	15	20	20	1	1.50	0	0.00
^	28	嶂山头水库灌区	晶桥镇水务站	√				√	14	0	10		20	20	20	27	1	1.30	0	0.00
^	29	新桥河灌区	晶桥镇水务站	√				√					114	114	20	60	1	1.10	0	0.00
^	30	长城圩灌区	葛塘街道农服中心	√				√	7	7	7		75	75	20	20	1	1.06	0	0.00
^	31	玉带圩灌区	长芦街道农服中心	√			√		15	7	7		27	50	20	42	1	1.90	0	0.00
^	32	延佑双城灌区	盘城街道农服中心	√				√	14	0	10		105	105	70	70	1	1.42	0	0.00
^	33	相国圩灌区	砖墙镇水务站	√				√	5	5	5		15	15	45	45	0	0.00	0	0.00
^	34	永胜圩灌区	永胜圩局	√			√		18		18		144	144	180	180	4	2.10	0	0.00
^	35	胜利圩灌区	阳江镇水利圩局	√			√		17	0	17		115	115	50	50	1	1.55	0	0.00
^	36	保胜圩灌区	砖墙镇保胜圩局	√				√	6	0	6		42	42	35	35	1	1.15	0	0.00
^	37	龙袍圩灌区	龙袍水利管理服务中心	√				√	5	5	5		75	75	40	63	1	4.19	0	0.00
^	38	新集灌区	龙池水利管理服务中心	√				√	8	7	7		49	49	65	65	1	2.35	0	0.00
无锡市				1	0	0	11	1	44	44	44		220	220	24	24	5	0.79	4	0.81
一般中型灌区	39	溪北河灌区	杨巷镇水利站	√				√	44	44	44		220	220	24	24	5	0.79	4	0.81
徐州市				39	4	0	32		683	511	555		5008	4691	8321	10347	106	399	79	242
重点中型灌区	40	复新河灌区	欢口水利站	√				√	44	44	44		138	55	444	444	4	29.60	0	0.00
^	41	四联灌区	首羡水利管理服务站	√				√	22	22	22		90	36	338	338	2	22.50	0	0.00
^	42	苗城灌区	王沟水利管理服务站	√				√	12	12	12		36	14	258	258	3	17.20	0	0.00
^	43	大沙河灌区	大沙河水利管理服务站	√				√	33	33	33		150	60	371	371	5	24.70	0	0.00
^	44	郑集南支河灌区	范楼水利管理服务站	√				√	22	22	22		114	46	354	354	3	23.60	0	0.00

续表

灌区类型		序号	灌区名称	管理单位名称	管理单位类别					管理人员数量(人)			管理人员经费(万元)		工程维修养护经费(万元)		农民用水户协会		用水合作组织其他	
					管理单位性质			管理类型			其中									
					纯公益性	准公益性	经营性	专管	兼管	总数	定编人数	专管人员数量	核定	落实	核定	落实	数量(个)	管理面积(万亩)	数量(个)	管理面积(万亩)
1		2	3	4	5	6	7	8	9	10	11	12	13	14	15	16	17	18	19	20
		45	灌婴灌区	灌婴闸站管理所	√				√	16	7	10	142	142	270	270	2	10.69	0	0.00
		46	侯阁灌区	侯阁闸站管理所	√				√	8	4	6	70	70	308	308	3	20.47	0	0.00
		47	邹庄灌区	邹庄闸站管理所	√				√	19	8	10	167	167	378	378	3	19.97	0	0.00
		48	上级湖灌区	龙固水利站管理所	√				√	45	45	36	371	371	202	202	3	11.78	0	0.00
		49	胡寨灌区	胡寨闸站管理所	√				√	28	15	22	260	260	130	130	1	8.67	0	0.00
		50	苗庄灌区	韩坝闸站管理所	√				√	14	5	11	128	128	210	210	3	13.38	0	0.00
		51	沛城灌区	苗注闸站管理所	√				√	12	8	10	108	108	215	215	2	14.22	0	0.00
		52	五段灌区	沛县城西翻水站	√				√	38	13	30	343	343	124	124	3	7.80	0	0.00
		53	陈楼灌区	五段闸站管理所	√				√	11	4	9	96	96	265	265	3	17.52	0	0.00
		54	王山站灌区	废黄河地区水利工程管理所	√				√	22	22	22	218	218	392	444	0	0.00	4	29.60
重点中型灌区		55	运南灌区	铜山区大许水利站	√				√	8	8	8	49	49	271	273	0	0.00	1	20.20
		56	郑集河灌区	湖西地区水利工程管理所	√				√	21	21	21	127	127	336	435	0	0.00	6	29.00
		57	房亭河灌区	铜山区单集水利站	√			√		4	4	4	25	25	96	167	0	0.00	1	11.08
		58	马坡灌区	铜山区马坡水利站	√			√		2	2	2	13	13	78	83	0	0.00	1	5.50
		59	丁万河灌区	湖西地区马坡水利工程管理所	√				√	7	7	7	44	44	73	135	0	0.00	4	9.02
		60	湖东滨湖灌区	湖西地区水利工程管理所	√				√	11	11	11	66	66	35	168	0	0.00	2	11.17
		61	大运河灌区	废黄河地区水利工程管理所	√				√	6	6	6	35	35	141	172	0	0.00	2	11.48
		62	奎河灌区	铜山区三堡水利站	√				√	5	5	5	30	30	77	90	0	0.00	2	6.02
		63	高集灌区	高集抽水站	√				√	5	5	5	20	20	215	225	0	0.00	3	15.00
		64	黄河灌区	古邳抽水站	√				√	22	22	22	162	162	530	530	0	0.00	3	25.00

续表

| 灌区类型 | 序号 | 灌区名称 | 管理单位名称 | 管理单位类别 ||| 管理单位性质 ||| 管理人员数量(人) ||| 管理人员经费(万元) || 工程维修养护经费(万元) || 农民用水户协会 || 用水合作组织 其他 ||
				纯公益性	准公益性	经营性	专管	兼管	总数	定编人数	其中专管人员数量	核定	落实	核定	落实	数量(个)	管理面积(万亩)	数量(个)	管理面积(万亩)
1	2	3	4	5	6	7	8	9	10	11	12	13	14	15	16	17	18	19	20
重点中型灌区	65	关庙灌区	新工扬水站	√			√		7	7	7	91	91	178	178	0	0.00	2	9.50
	66	庆安灌区	庆安水库管理所	√			√		29	29	29	259	259	239	239	0	0.00	4	9.30
	67	沙集灌区	凌城抽水站	√			√		29	29	29	320	320	532	532	0	0.00	4	24.00
	68	岔河灌区	邳州市岔河翻水站	√			√		13	10	10	153	153	5	5	4	38.59	0	0.00
	69	银杏湖灌区	邳州市沂河橡胶坝管理所	√			√		10	2	2	113	113	11	11	4	8.29	0	0.00
	70	邳城灌区	邳州市邳城翻水站	√				√	15	14	14	176	176	5	5	9	35.30	0	0.00
	71	民便河灌区	邳州市民便河翻水站	√				√	19	14	14	226	226	6	6	2	10.11	0	0.00
	72	沂运灌区	小新河抽水站	√			√		11	5	5	55	55	195	195	2	12.00	0	0.00
	73	高阿灌区	双塘水务站	√				√	17	13	13	130	130	0	0	4	11.30	0	0.00
	74	棋新灌区	棋盘新店水务站	√				√	22	10	10	100	100	247	247	4	6.30	0	0.00
	75	沂冰灌区	新戴河翻水站	√			√		11	8	11	110	110	381	381	5	25.00	0	0.00
	76	不牢河灌区	贾汪区水务局	√				√	36	4	4	150	150	285	285	17	4.97	17	14.03
	77	东风灌区	江庄水务站	√				√	3	0	0	12	12	75	75	2	0.60	0	0.00
	78	千姚河灌区	青山泉镇水利站	√				√	5	1	1	21	21	64	75	1	0.37	10	3.91
一般中型灌区	79	河东灌区	凌城抽水站	√				√	5	5	5	20	20	74	74	0	0.00	4	4.50
	80	合沟灌区	合沟水务站	√				√	8	5	5	50	50	63	63	1	0.40	0	0.00
	81	运南灌区	塔山镇水利站	√				√	2	0	0	4	4	45	45	6	1.80	1	1.20
	82	二八河灌区	耿集水利站	√				√	4	0	0	16	16	53	53	5	1.49	8	2.27
常州市																				
重点中型灌区	83	大溪水库灌区	溧阳市大溪水库管理处	0	2	0	0	2	17	10	10	140	140	222	222	2	3.30	0	0.00
					√			√											
	84	沙河水库灌区	溧阳市沙河水库管理处		√			√	9	9	9	100	100	114	114	1	2.10	0	0.00
中型灌区					√			√	8	1	1	40	40	108	108	1	1.20	0	0.00

续表

灌区类型	序号	灌区名称	管理单位名称	管理单位类别 - 管理单位性质 - 纯公益性	准公益性	经营性	管理类型 - 专管	兼管	管理人员数量(人) - 总数	定编人数	其中 专管人员数量	管理人员经费(万元) - 核定	落实	工程维修养护经费(万元) - 核定	落实	农民用水户协会 - 数量(个)	管理面积(万亩)	用水合作组织 其他 - 数量(个)	管理面积(万亩)
1	2	3	4	5	6	7	8	9	10	11	12	13	14	15	16	17	18	19	20
		南通市		24	0	0	13	11	1090	281	242	4572	4267	12666	11975	132	285.94	1	1.00
	85	通扬灌区	通扬灌区管理所	√			√		17	17	17	342	342	660	585	30	8.73	0	0.00
	86	焦港灌区	焦港灌区管理所	√			√		25	25	25	561	561	550	480	6	1.42	0	0.00
	87	如皋港灌区	如皋港灌区管理所	√			√		17	17	17	341	341	260	230	6	7.92	0	0.00
	88	红星灌区	红星灌区管理所	√			√		16	16	16	207	207	113	123	3	7.80	1	1.00
	89	新通扬灌区	新通扬灌区管理所	√			√		36	36	3	466	466	5635	5635	6	29.89	0	0.00
重点中型灌区	90	丁堡灌区	丁堡灌区管理所	√			√		17	12	5	221	221	1504	1504	4	14.55	0	0.00
	91	江海灌区	拼茶镇农业服务中心	√				√	342	18	18	374	374	434	434	4	28.90	0	0.00
	92	九洋灌区	洋口镇农业服务中心	√				√	348	25	25	444	444	390	390	5	26.00	0	0.00
	93	马丰灌区	马塘镇农业服务中心	√				√	131	22	22	285	285	413	413	4	27.50	0	0.00
	94	如环灌区	高新区农业服务中心	√				√	36	19	19	200	200	122	122	3	8.10	0	0.00
	95	新建河灌区	袁庄镇水利站	√			√		8	3	5	40	40	120	120	1	8.01	0	0.00
	96	掘苴河灌区	城中街道水利站	√			√		15	6	9	75	75	102	150	2	6.82	0	0.00
	97	九遥河灌区	掘港水利站	√			√		20	8	12	100	100	112	221	2	7.48	0	0.00
	98	九圩港灌区	刘桥镇水利站	√				√	11	11	10	110	110	332	332	3	22.12	0	0.00
	99	余丰灌区	十总镇水利站	√				√	9	9	8	90	90	238	238	3	15.85	0	0.00
	100	团结灌区	西亭镇水利站	√				√	10	10	9	100	100	238	238	5	15.87	0	0.00
	101	合南灌区	南阳镇水利站	√			√		5	5	3	170	50	305	92	14	6.10	0	0.00
	102	三条港灌区	惠萃镇水利站	√			√		4	4	3	150	40	332	104	11	6.96	0	0.00
	103	通兴灌区	吕四港镇水利站	√			√		7	5	2	140	65	344	105	15	5.86	0	0.00
	104	悦来灌区	悦来镇水利站	√				√	3	3	3	15	15	174	174	1	11.59	0	0.00
	105	常乐灌区	常乐镇水利站	√				√	3	3	2	15	15	99	99	1	6.58	0	0.00
	106	正余灌区	正余镇水利站	√				√	3	0	3	15	15	80	80	1	5.33	0	0.00
	107	余东灌区	余东镇水利站	√				√	2	2	2	10	10	80	80	1	5.31	0	0.00

续表

灌区类型	序号	灌区名称	管理单位名称	管理单位性质-纯公益性	管理单位性质-准公益性	管理单位性质-经营性	管理类型-专管	管理类型-兼管	管理人员数量-总数	定编人数	专管人员数量	管理人员经费-核定	管理人员经费-落实	工程维修养护经费-核定	工程维修养护经费-落实	农民用水户协会-数量(个)	农民用水户协会-管理面积(万亩)	其他用水合作组织-数量(个)	其他用水合作组织-管理面积(万亩)
1	2	3	4	5	6	7	8	9	10	11	12	13	14	15	16	17	18	19	20
一般	108	长青沙灌区	长青沙灌区管理所	√	16	1	√	22	5	5	5	100	100	31	28	1	1.25	0	0.00
连云港市																			
	109	安峰山水库灌区	安峰山水库管理所	15			10		377	333	333	3299	2811	867	4112	50	245.14	0	0.00
	110	红石渠灌区	山左口乡水务站	√			√		15	15	15	210	210	25	161	1	5.00	0	0.00
	111	官沟河灌区	灌云县水利局	√				√	8	5	5	150	128	50	195	3	10.50	0	0.00
	112	叮当河灌区	灌云县水利局	√				√	32	30	30	192	192	31	359	3	23.88	0	0.00
	113	界北灌区	灌云县水利局	√				√	34	32	32	204	204	35	309	3	20.59	0	0.00
	114	界南灌区	灌云县水利局	√				√	18	17	17	108	102	64	300	3	23.46	0	0.00
重点中型灌区	115	一条岭灌区	灌云县水利局	√				√	17	16	16	102	96	14	387	2	25.83	0	0.00
	116	柴沂灌区	灌南县水利局	√				√	30	27	27	180	162	35	425	2	28.28	0	0.00
	117	柴塘灌区	灌南县水利局	√				√	8	8	8	40	40	47	91	3	5.00	0	0.00
	118	连中灌区	连中灌区灌溉管理所	√			√		8	8	8	40	40	36	90	2	5.37	0	0.00
	119	灌北灌区	灌南县水利局	√				√	10	10	10	50	50	45	447	3	30.50	0	0.00
	120	淮涟灌区	灌南县水利局	√				√	13	13	13	65	65	40	263	2	15.87	0	0.00
	121	沂南灌区	灌南县水利局	√				√	14	14	14	70	70	42	156	2	9.40	0	0.00
	122	古城翻水站灌区	赣榆区机电排灌管理站		√			√	6	6	6	30	30	36	126	2	7.65	0	0.00
一般中型灌区	123	昌黎水库灌区	昌梨水库管理所		√		√		7	7	7	105	68	0	108	1	5.10	0	0.00
	124	羽山水库灌区	羽山水库管理所		√		√		11	10	10	120	120	55	60	1	0.35	0	0.00
	125	贺庄水库灌区	贺庄水库管理所		√		√		7	5	5	80	80	25	30	1	3.00	0	0.00
	126	横沟水库灌区	横沟水库管理所		√		√		11	9	9	100	100	57	57	1	0.05	0	0.00
	127	房山水库灌区	房山水库管理所		√		√		10	10	10	115	115	15	60	1	0.75	0	0.00
	128	大石埠水库灌区	大石埠水库管理所		√		√		15	15	15	115	115	16	60	1	1.20	0	0.00
	129	陡枝水库灌区	大石埠水库管理所		√		√		7	6	6	60	60	15	27	2	0.30	0	0.00
	130	芦窝水库灌区	桃林镇水务站		√			√	8	6	6	20	20	10	18	1	0.40	0	0.00
														23	23		0.20		

续表

灌区类型	序号	灌区名称	管理单位名称	管理单位性质			管理类别		管理人员数量(人)			管理人员经费(万元)		工程维修养护经费(万元)		农民用水户协会		其他	
				纯公益性	准公益性	经营性	专管	兼管	总数	定编人数	其中专管人员数量	核定	落实	核定	落实	数量(个)	管理面积(万亩)	数量(个)	管理面积(万亩)
1	2	3	4	5	6	7	8	9	10	11	12	13	14	15	16	17	18	19	20
一般中型灌区	131	灌西盐场灌区	灌云县水利局	√				√	4	3	3	24	24	23	23	1	1.50	0	0.00
	132	涟西灌水站灌区	灌南县水利局	√				√	3	3	3	15	15	28	70	1	4.49	0	0.00
	133	阚岭翻水站灌区	历庄水站管理所		√			√	7	4	4	105	36	10	38	1	2.20	0	0.00
	134	八条路水库灌区	八条路水库管理处		√		√		25	25	25	375	244	18	44	1	2.80	0	0.00
	135	王集水库灌区	石桥水利站		√			√	11	5	5	165	107	11	23	1	1.20	0	0.00
	136	红领巾水库灌区	班庄水利站		√			√	17	9	9	255	166	20	33	1	1.40	0	0.00
	137	横山水库灌区	塔山水利站		√			√	10	5	5	150	98	15	18	1	1.17	0	0.00
	138	孙庄灌区	新坝水利站		√			√	2	2	2	22	22	15	63	1	4.50	0	0.00
	139	刘顶灌区	锦屏水利站		√			√	2	2	2	22	22	12	53	1	3.20	0	0.00
淮安市				7	10	0	10	7	412	224	224	2599	1531	1417	3036	26	142.95	3	4.29
重点中型灌区	140	运西灌区	运西水利管理所		√			√	25	13	13	227	186	40	326	1	19.50	0	0.00
	141	淮南圩灌区	银涂镇人民政府	√				√	30	26	26	245	224	18	242	2	14.95	0	0.00
	142	利农河灌区	黎城镇人民政府	√				√	54	13	13	138	131	14	144	2	8.73	0	0.00
	143	官塘灌区	戴楼街道办事处	√				√	48	6	6	54	72	5	81	1	4.82	0	0.00
	144	涟中灌区	涟中灌区管理所		√		√		17	15	15	158	162	79	386	4	27.56	0	0.00
	145	顺河洞灌区	顺河洞灌区管理所		√		√		15	5	5	147	147	19	176	3	5.50	1	2.25
	146	蛇家坝灌区	蛇家坝灌区管理所		√		√		9	6	6	160	160	18	155	1	3.16	2	2.04
	147	东灌区	东灌区管理所		√		√		68	68	68	624	163	504	504	1	15.56	0	0.00
	148	官滩灌区	官滩电灌站		√		√		15	15	15	150	21	133	133	1	6.20	0	0.00
	149	桥口灌区	鲍口管理所		√		√		10	10	10	120	0	148	148	1	1.40	0	0.00
	150	姚庄灌区	鲍管灌区管理所		√		√		8	8	8	96	0	130	130	1	1.20	0	0.00
	151	河桥灌区	河桥电灌站		√		√		7	7	7	75	22	110	110	1	2.00	0	0.00
	152	三墩灌区	三墩电灌站		√		√		16	16	16	173	19	98	98	1	6.50	0	0.00
	153	临湖灌区	临湖灌区管理所		√		√		10	10	10	130	130	90	300	3	19.50	0	0.00

续表

灌区类型		序号	灌区名称	管理单位名称	管理单位类别					管理人员数量(人)			管理人员经费(万元)		工程维修养护(万元)		用水合作组织			
					管理单位性质			管理类型			其中						农民用水户协会		其他	
					纯公益性	准公益性	经营性	专管	兼管	总数	定编人数	专管人员数量	核定	落实	核定	落实	数量(个)	管理面积(万亩)	数量(个)	管理面积(万亩)
1		2	3	4	5	6	7	8	9	10	11	12	13	14	15	16	17	18	19	20
一般中型灌区		154	振兴圩灌区	银涂镇人民政府	√				√	28	2	2	50	41	5	46	1	2.75	0	0.00
		155	洪湖圩灌区	前锋镇人民政府	√				√	30	2	2	24	30	2	33	1	1.99	0	0.00
		156	郑家圩灌区	前锋镇人民政府	√				√	22	2	2	29	24	3	24	1	1.63	0	0.00
盐城市					27	9	0	8	28	436	293	306	4170	4193	3841	6547	137	392	0	0.00
重点中型灌区		157	六套干渠灌区	六套干渠灌区管理所	√				√	5	5	5	50	50	240	240	5	9.10	0	0.00
		158	淮北干渠灌区	淮北干渠灌区管理所	√				√	3	3	3	30	30	120	120	3	5.10	0	0.00
		159	黄响河灌区	黄响河灌区管理所	√				√	4	4	4	40	40	280	280	4	10.70	0	0.00
		160	大寨河灌区	大寨河灌区管理所	√				√	4	4	4	40	40	120	120	4	5.60	0	0.00
		161	双南干渠灌区	双南干渠灌区管理所	√				√	5	5	5	50	50	320	320	5	12.20	0	0.00
		162	南干渠灌区	南干渠灌区管理所	√				√	4	4	4	40	40	175	175	4	5.80	0	0.00
		163	陈涛灌区	滨海县机电排灌管理所	√				√	4	4	4	40	40	16	330	1	22.00	0	0.00
		164	南干灌区	滨海县机电排灌管理所	√				√	4	4	4	40	40	40	326	1	21.76	0	0.00
		165	张弓灌区	滨海县机电排灌管理所	√				√	4	4	4	40	40	24	375	1	25.00	0	0.00
		166	渠北灌区	渠北灌区管理处		√		√		54	53	53	698	698	136	248	14	15.56	0	0.00
		167	沟墩灌区	沟墩灌区管理所		√		√		4	4	1	53	53	25	144	19	9.58	0	0.00
		168	陈良灌区	陈良灌区管理所		√		√		5	5	1	44	44	12	92	14	6.10	0	0.00
		169	吴滩灌区	吴滩灌区管理所		√			√	5	5	1	56	56	27	137	21	9.13	0	0.00
		170	川南灌区	川南灌区管理所	√				√	11	11	11	138	138	33	234	1	15.60	0	0.00
		171	斗西灌区	斗西灌区管理所	√				√	18	18	18	152	152	323	323	4	9.57	0	0.00
		172	斗北灌区	三龙水利站	√			√		47	18	29	420	420	360	360	2	38.23	0	0.00
		173	红旗灌区	特庸镇水利站	√				√	17	5	5	85	85	41	110	1	6.75	0	0.00
		174	陈洋灌区	经济开发区水利站	√				√	22	5	5	110	110	52	175	1	8.70	0	0.00
		175	桥西灌区	桥西灌区管理所	√				√	6	0	6	95	95	28	174	1	4.73	0	0.00
		176	东南灌区	大冈水务站	√				√	12	6	6	96	96	95	164	3	11.53	0	0.00

156

续表

灌区类型	序号	灌区名称	管理单位名称	管理单位性质 纯公益性	管理单位性质 准公益性	管理单位性质 经营性	管理类型 专管	管理类型 兼管	管理人员数量（人）总数	定编人数	其中 专管人员数量	管理人员经费（万元）核定	管理人员经费（万元）落实	工程维修养护经费（万元）核定	工程维修养护经费（万元）落实	农民用水户协会 数量（个）	农民用水户协会 管理面积（万亩）	其他 数量（个）	其他 管理面积（万亩）
1	2	3	4	5	6	7	8	9	10	11	12	13	14	15	16	17	18	19	20
重点中型灌区	177	龙冈灌区	龙冈水务站	√				√	13	5	5	75	85	62	104	1	6.94	0	0.00
	178	红九灌区	红九灌区管理所	√			√		29	14	15	348	348	179	188	3	11.90	0	0.00
	179	大纵湖灌区	大纵湖灌区管理所	√			√		27	13	14	324	324	122	128	2	8.10	0	0.00
	180	学富灌区	学富水利服务所	√				√	8	4	4	96	96	107	113	1	7.10	0	0.00
	181	盐东灌区	盐东水利服务中心	√				√	5	4	4	54	60	55	92	1	10.00	0	0.00
	182	黄尖灌区	黄尖水利服务中心	√				√	6	4	4	54	61	41	83	1	10.50	0	0.00
	183	上冈灌区	上冈水利站	√				√	13	10	8	140	140	160	350	4	22.32	0	0.00
	184	宝塔灌区	宝塔水利站	√				√	4	3	4	48	48	50	97	1	6.02	0	0.00
	185	高作灌区	高作水利站	√				√	6	4	6	68	68	65	111	1	7.09	0	0.00
	186	庆丰灌区	庆丰水利站	√				√	8	6	8	100	100	110	141	1	8.95	0	0.00
	187	盐建灌区	沿河水利站	√				√	9	8	9	123	123	120	207	2	13.03	0	0.00
一般中型灌区	188	花元灌区	海河镇水利服务站	√				√	7	7	7	35	35	15	38	1	2.50	0	0.00
	189	川彭灌区	海河镇水利服务站	√				√	11	7	7	55	55	25	74	1	4.20	0	0.00
	190	安东灌区	兴桥镇水利服务站	√				√	8	6	6	40	40	19	60	1	3.20	0	0.00
	191	跃中灌区	兴桥镇水利服务站	√				√	6	6	6	30	30	14	44	1	2.30	0	0.00
	192	东夏灌区	长荡镇水利服务站	√				√	4	4	4	20	20	7	21	1	1.18	0	0.00
	193	王开灌区	四明镇水利服务站	√				√	7	7	7	35	35	10	24	1	1.71	0	0.00
	194	安石灌区	盘湾镇水利服务站	√				√	6	6	6	30	30	13	29	1	2.20	0	0.00
	195	三圩灌区	刘庄水利站	√				√	15	8	7	150	150	150	150	1	7.93	0	0.00
	196	东里灌区	东台市五烈镇用水者协会			√		√	6	0	2	29	29	50	50	2	2.28	0	0.00
		扬州市		37	0	0	19	18	598	367	373	6335	6363	2223	4883	159	271	2	1
重点中型灌区	197	永丰灌区	永丰灌区管理所	√			√		12	6	6	74	74	94	272	3	13.40	0	0.00
	198	庆丰灌区	庆丰灌区管理所	√			√		16	6	6	71	71	65	218	5	14.47	1	0.52
	199	临城灌区	临城水利站	√			√		9	7	7	89	89	25	160	4	5.30	0	0.00

157

续表

灌区类型	序号	灌区名称	管理单位名称	管理单位性质 纯公益性	管理单位性质 准公益性	管理单位类别 经营性	管理类型 专管	管理类型 兼管	管理人员数量(人) 总数	管理人员数量(人) 其中 定编人数	管理人员数量(人) 其中 专管人员数量	管理人员经费(万元) 核定	管理人员经费(万元) 落实	工程维修养护经费(万元) 核定	工程维修养护经费(万元) 落实	农民用水户协会 数量(个)	农民用水户协会 管理面积(万亩)	用水合作组织 其他 数量(个)	用水合作组织 其他 管理面积(万亩)
1	2	3	4	5	6	7	8	9	10	11	12	13	14	15	16	17	18	19	20
重点中型灌区	200	泾河灌区	泾河灌区管理所	√			√		8	4	4	74	74	53	151	3	10.04	0	0.00
	201	宝射河灌区	射阳湖水务站	√				√	8	2	2	110	110	55	430	5	22.62	1	0.23
	202	宝应灌区	山阳水务站	√				√	8	3	3	99	99	50	447	8	28.79	0	0.00
	203	司徒灌区	甘垛水务站	√				√	13	5	5	103	103	57	279	6	14.16	0	0.00
	204	汉留灌区	汤庄水务站	√				√	15	6	6	125	125	49	184	2	12.23	0	0.00
	205	三垛灌区	三垛水务站	√				√	17	5	5	138	138	39	178	5	11.35	0	0.00
	206	向阳河灌区	送桥水务站	√				√	17	5	5	139	139	42	232	7	10.57	0	0.00
	207	红旗河灌区	江都区长江管理处	√				√	74	57	57	996	996	105	273	17	20.55	0	0.00
	208	团结河灌区	江都区河道管理处	√				√	47	28	28	632	632	98	139	8	9.86	0	0.00
	209	三阳河灌区	江都区河道管理处	√				√	47	28	28	632	632	98	177	15	12.17	0	0.00
	210	野田河灌区	江都区河道管理处	√				√	47	28	28	632	632	98	173	14	11.87	0	0.00
	211	向阳河灌区	江都区长江管理处	√				√	74	57	57	370	370	105	239	9	5.12	0	0.00
	212	塘田灌区	塘田电灌站	√			√		6	6	6	61	61	93	99	1	6.22	0	0.00
	213	月塘灌区	月塘电灌站	√			√		18	11	18	191	191	160	161	1	10.40	0	0.00
	214	沿江灌区	沿江灌区管理所	√				√	24	6	6	136	136	234	234	3	8.51	0	0.00
	215	甘泉灌区	甘泉机电排灌站	√				√	10	9	9	32	60	32	38	1	1.80	0	0.00
	216	杨寿灌区	杨寿镇水利农机站	√				√	3	3	3	24	24	52	52	1	2.00	0	0.00
	217	沿湖灌区	公道水利农机服务站	√				√	5	4	4	32	32	61	72	12	4.00	0	0.00
一般中型灌区	218	方巷灌区	方巷水利站	√				√	5	0	0	32	32	61	74	2	4.70	0	0.00
	219	槐泗灌区	槐泗水利站	√				√	4	4	2	20	20	53	53	13	2.10	0	0.00
	220	红星灌区	陈集机灌站	√			√		2	0	0	10	10	15	16	1	1.01	0	0.00
	221	凤岭灌区	凤岭水库管理所	√			√		3	4	4	27	27	18	19	1	1.19	0	0.00
	222	朱桥灌区	朱桥电灌站	√			√		3	6	6	33	33	52	53	1	3.46	0	0.00
	223	稻山灌区	大仪镇电灌站	√			√		10	0	0	30	30	33	44	1	2.20	0	0.00

续表

灌区类型	序号	灌区名称	管理单位名称	管理单位性质			管理类型		管理人员数量（人）				管理人员经费（万元）		工程维修养护（万元）		农民用水户协会		其他	
				纯公益性	准公益性	经营性	专管	兼管	总数	定编人数	其中专管人员数量	核定	落实	核定	落实	数量（个）	管理面积（万亩）	数量（个）	管理面积（万亩）
1	2	3	4	5	6	7	8	9	10	11	12	13	14	15	16	17	18	19	20
一般中型灌区	224	东风灌区	大仪镇电灌站	√			√		10	0	0	30	30	34	35	1	2.24	0	0.00
	225	白羊山灌区	白羊山电灌站	√			√		7	6	7	62	62	56	56	1	3.43	0	0.00
	226	刘集红光灌区	古井电灌站	√			√		3	0	0	20	20	42	55	1	2.80	0	0.00
	227	高营灌区	月塘机电灌站	√			√		9	3	3	45	45	44	48	1	2.92	0	0.00
	228	红旗灌区	红旗电灌站	√			√		3	3	3	41	41	42	48	1	2.79	0	0.00
	229	秦桥灌区	秦桥电灌站	√			√		9	9	9	41	41	26	27	1	1.71	0	0.00
	230	通新集灌区	通新集电灌站	√			√		9	9	9	88	88	20	22	1	1.35	0	0.00
	231	烟台山灌区	新城镇农业综合服务中心	√				√	2	0	0	10	10	17	20	1	1.10	0	0.00
	232	青山灌区	仪征市胥浦电灌站	√			√		13	12	12	238	238	17	63	1	1.15	0	0.00
	233	十二圩灌区	仪征市十二圩翻水站	√			√		34	34	34	850	850	28	44	1	1.85	0	0.00
镇江市				3	2	0	3	2	251	211	211	705	705	988	988	19	13	0	0
重点中型灌区	234	北山灌区	北山水库管理站		√		√		91	77	77	48	48	293	293	6	4.16	0	0.00
	235	赤山湖灌区	赤山闸水利枢纽管理处		√		√		91	85	85	75	75	360	360	9	1.27	0	0.00
	236	长山灌区	长山提水站管理所	√			√		45	35	35	350	350	210	210	2	5.64	0	0.00
一般中型灌区	237	小辛灌区	辛丰镇水利农机站	√				√	12	7	7	116	116	80	80	1	1.20	0	0.00
	238	后马灌区	辛丰镇水利农机站	√				√	12	7	7	116	116	45	45	1	1.10	0	0.00
泰州市				8	0	0	7	1	159	84	136	957	957	1906	2035	124	113.21	0	0
重点中型灌区	239	孤山灌区	孤山灌区灌排协会	√			√		10	0	8	50	50	135	135	1	8.97	0	0.00
	240	黄桥灌区	黄桥灌区管理所	√			√		40	19	19	100	100	327	360	4	21.80	0	0.00
	241	高港灌区	高港灌区管理所	√			√		12	12	12	210	210	345	320	1	9.80	0	0.00
	242	溱潼灌区	溱潼灌区管理所	√			√		8	0	6	40	40	358	398	7	23.89	0	0.00
	243	周山河灌区	周山河灌区管理所	√			√		8	0	60	40	40	367	448	7	24.45	0	0.00
	244	卤汀河灌区	华港镇水利站	√				√	3	3	3	75	75	80	80	1	5.30	0	0.00
	245	西部灌区	生祠水利管理站	√			√		58	38	20	290	290	242	242	78	15.50	0	0.00

159

续表

灌区类型		序号	灌区名称	管理单位名称	管理单位性质			管理类型		管理人员数量（人）			管理人员经费（万元）		工程维修养护（万元）		农民用水户协会		用水合作组织其他	
					纯公益性	准公益性	经营性	专管	兼管	总数	定编人数	其中专管人员数量	核定	落实	核定	落实	数量（个）	管理面积（万亩）	数量（个）	管理面积（万亩）
1		2	3	4	5	6	7	8	9	10	11	12	13	14	15	16	17	18	19	20
一般中型灌区		246	西来灌区	西来水利站	√			√		20	12	8	152	152	53	53	25	3.50	0	0.00
	宿迁市				0	14	0	9	5	322	216	228	2422	1993	2118	3474	150	186	29	14
重点中型灌区		247	皂河灌区	皂河灌区管理所		√		√		93	93	93	970	890	400	342	3	14.00	3	5.00
		248	嶂山灌区	嶂山电灌站		√		√		41	20	20	650	620	160	148	2	6.00	0	0.00
		249	柴沂灌区	柴沂灌区管理所		√		√		40	17	17	117	55	122	264	10	15.00	0	0.00
		250	古泊灌区	古泊灌区管理所		√		√		25	19	19	122	56	151	284	13	17.00	0	0.00
		251	淮西灌区	淮西灌区管理所		√		√		25	16	16	105	49	154	362	40	19.00	0	0.00
		252	沙河灌区	沙河灌区管理所		√		√		25	17	17	113	53	174	381	20	21.00	0	0.00
		253	新北灌区	新北灌区管理所		√		√		15	0	12	75	75	188	191	8	12.50	0	0.00
		254	新华灌区	新华灌区管理所		√		√		16	12	12	80	80	225	323	6	15.00	0	0.00
		255	安东河灌区	安东河灌区管理所		√			√	9	5	5	70	50	150	359	10	20.00	1	0.50
		256	蔡圩灌区	蔡圩灌区管理所		√		√		11	7	7	50	20	180	353	12	19.60	5	3.90
		257	车门灌区	车门灌区管理所		√			√	7	3	3	20	10	100	83	8	5.00	0	0.00
		258	雪枫灌区	雪枫灌区管理所		√			√	11	7	7	50	20	100	318	17	20.00	12	2.23
一般中型灌区		259	红旗灌区	红旗灌区管理所		√		√		2	0	0	0	8	6	30	1	2.0	0	0.0
		260	曹庙灌区	曹庙灌区管理所		√		√		2	0	0	0	8	8	39	0	0.0	8	2.6
	监狱农场				0	3	√	2	1	80	80	71	450	380	440	615	4	40	0	0
重点中型灌区		261	大中农场灌区	江苏大中农场集团		√		√		32	32	29	160	160	115	115	1	7.60	0	0.00
		262	五图河农场灌区	江苏五图河农场有限公司		√		√		20	20	16	100	100	125	125	1	8.10	0	0.00
		263	东辛农场灌区	省农垦东辛分公司			√		√	6	6	6	70	0	50	225	1	15.00	0	0.00
		264	洪泽湖农场灌区	洪泽湖农场集团有限公司		√		√		22	22	20	120	120	150	150	1	9.70	0	0.00
全省合计										4849	2827	3023	34859	32087	39303	53550	991	2260.96	118	262.86

附表 4 江苏省中型灌区用水管理情况表

灌区类型	序号	灌区名称	用水管理			水价				2018—2020年农业灌溉水费(万元)			财政补助(万元)		
			是否办理取水许可证	年取水许可量(万m³/年)	是否实施农业水价综合改革	现行水价批复年份	执行水价(元/m³)	全成本水价(元/m³)	运行维护成本水价(元/m³)	应收	实收	水费收缴方式	总计	其中	
														人员经费	维修养护经费
1	2	3	4	5	6	7	8	9	10	11	12	13	14	15	16
		南京市		53348						3127	3121		2814	1226	1588
重点中型灌区	1	横溪河—赵村水库灌区	是	4000	是	2019	水稻 0.053 苗木 0.192 蔬菜 0.116	0.129	水稻 0.053 苗木 0.192 蔬菜 0.116	212	212	按 m³ 征收	0	0	0
	2	江宁河灌区	是	2800	是	2019	水稻 0.053 苗木 0.192 蔬菜 0.116	0.124	水稻 0.053 苗木 0.192 蔬菜 0.116	148	148	按 m³ 征收	0	0	0
	3	汤水河灌区	是	4700	是	2019	水稻 0.053 苗木 0.192 蔬菜 0.116	0.129	水稻 0.053 苗木 0.192 蔬菜 0.116	31	31	按 m³ 征收	9	0	9
	4	周岗圩灌区	是	900	是	2019	水稻 0.053 苗木 0.192 蔬菜 0.116	0.129	水稻 0.053 苗木 0.192 蔬菜 0.116	50	50	按 m³ 征收	0	0	0
	5	三岔灌区	是	4165	是	2018	粮食作物 0.024 经济作物 0.145	0.049	粮食作物 0.024 经济作物 0.145	22	22	按 m³ 征收	320	120	200
	6	侯家坝灌区	是	1207	是	2018			粮食作物 0.024 经济作物 0.145	117	117	按 m³ 征收	31	16	15
	7	泓湖灌区	是	1850	是	2019	0.2	0.2	0.16	50	50	按 m³ 征收	0	0	0
	8	石臼湖灌区	是	2655	是	2019	0.2	0.2	0.16	694	694	按 m³ 征收	0	0	0
	9	水丰圩灌区	是	290	是	2019	水稻基本价 0.029,计量价 0.008; 水产基本价 0.027,计量价 0.075; 瓜果基本价 0.077,计量价 0.024; 蔬菜基本价 0.128,计量价 0.047	0.14	0.064	6	6	按 m³ 征收	0	0	0
	10	新禹河灌区	是	2550	是	2019	0.04	自流:0.056 提水:混流泵 0.127 离心泵 0.17	0.04	193	190	按 m³ 征收	0	0	0

161

续表

灌区类型	序号	灌区名称	用水管理				水价				2018—2020年农业灌溉水费(万元)			财政补助(万元)		
			是否办理取水许可证	年取水许可量(万m³/年)	是否实施农业水价综合改革	现行水价批复年份	执行水价(元/m³)	全成本水价(元/m³)	运行维护成本水价(元/m³)	应收	实收	水费收缴方式	总计	其中		
																人员经费	维修养护经费
1	2	3	4	5	6	7	8	9	10	11	12	13	14	15	16
重点中型灌区	11	金牛湖灌区	是	3000	是	2017	0.04	自流:0.056 提水:混流泵0.127 离心泵0.17	0.04	62	62	按m³征收	64	5	28
	12	山湖灌区	是	5600	是	2019	0.04	自流:0.056 提水:混流泵0.127 离心泵0.17	0.04	124	124	按m³征收	266	185	81
	13	东阳万安圩灌区	是	900	是	2019	水稻0.053 苗木0.192 蔬菜0.116	0.129	水稻0.053 苗木0.192 蔬菜0.116	3	3	按m³征收	0	0	0
	14	五圩灌区	是	400	是	2019	水稻0.053 苗木0.192 蔬菜0.116	0.129	水稻0.053 苗木0.192 蔬菜0.116	1.5	1.5	按m³征收	0	0	0
	15	下坝灌区	是	360	是	2019	水稻0.053 苗木0.192 蔬菜0.116	0.129	水稻0.053 苗木0.192 蔬菜0.116	24	24	按m³征收	0	0	0
	16	星辉洪幕灌区	是	420	是	2019	水稻0.053 苗木0.192 蔬菜0.116	0.129	水稻0.053 苗木0.192 蔬菜0.116	22	22	按m³征收	0	0	0
一般中型灌区	17	三合圩灌区	是	1299	是	2019	粮食作物0.024 经济作物0.145	0.049	粮食作物0.024 经济作物0.145	14	14	按m³征收	460	160	300
	18	石桥灌区	是	330	是	2019	粮食作物0.024 经济作物0.145 水产养殖0.012	0.049	粮食作物0.024 经济作物0.145 水产养殖0.012	42	42	按m³征收	0	0	0
	19	北城圩灌区	是	407	是	2019	粮食作物0.024 经济作物0.145 水产养殖0.012		粮食作物0.024 经济作物0.145 水产养殖0.012	13	13	按m³征收	12	2	10

续表

灌区类型	序号	灌区名称	用水管理				水价				2018—2020 年农业灌溉水费(万元)			财政补助(万元)		
			是否办理取水许可证	年取水许可水量(万 m³/年)	是否实施农业水价综合改革	现行水价批复年份	执行水价(元/m³)	全成本水价(元/m³)	运行维护成本水价(元/m³)	应收	实收	水费收缴方式	总计	其中	
														人员经费	维修养护经费
1	2	3	4	5	6	7	8	9	10	11	12	13	14	15	16
一般中型灌区	20	草场圩灌区	是	163	是	2019	粮食作物 0.024 经济作物 0.145 水产养殖 0.012	0.049	粮食作物 0.024 经济作物 0.145 水产养殖 0.012	14	14	按 m³ 征收	12	2	10
	21	浦口沿江灌区	是	2409	是	2019	粮食作物 0.024 经济作物 0.145		粮食作物 0.024 经济作物 0.145	18	18	按 m³ 征收	550	200	350
	22	浦口沿滁灌区	是	2770	是	2019	粮食作物 0.024 经济作物 0.145		粮食作物 0.024 经济作物 0.145	18	18	按 m³ 征收	440	160	280
	23	m³便灌区	是	900	是	2019	0.2	0.2	0.16	186	186	按 m³ 征收	0	0	0
	24	卧龙水库灌区	是	880	是	2019	0.2	0.2	0.16	150	150	按 m³ 征收	0	0	0
	25	无想寺灌区	是	450	是	2019	0.2	0.2	0.16	70	70	按 m³ 征收	0	0	0
	26	毛公铺灌区	是	410	是	2019	0.2	0.2	0.16	55	55	按 m³ 征收	0	0	0
	27	明觉环山河灌区	是	220	是	2019	0.2	0.2	0.16	36	36	按 m³ 征收	0	0	0
	28	赫山头水库灌区	是	220	是	2019	0.2	0.2	0.16	37	37	按 m³ 征收	0	0	0
	29	新桥河灌区	是	2360	是	2019	0.2	0.2	0.16	308	308	按 m³ 征收	0	0	0
	30	长城圩灌区	是	210	是	2019	蔬菜瓜果 0.144 专业葡萄园 0.143 热带水果 0.068		蔬菜瓜果 0.535 专业葡萄园 0.612 热带水果 0.233	72	72	按 m³ 征收	0	0	0
	31	玉带圩灌区	是	500	是	2019	蔬菜瓜果 0.144 专业葡萄园 0.143 热带水果 0.068		蔬菜瓜果 0.535 专业葡萄园 0.612 热带水果 0.233	36	36	按 m³ 征收	0	0	0
	32	延佑双城灌区	是	590	是	2019	蔬菜瓜果 0.144 专业葡萄园 0.143 热带水果 0.068		蔬菜瓜果 0.535 专业葡萄园 0.612 热带水果 0.233	42	42	按 m³ 征收	0	0	0

续表

灌区类型	序号	灌区名称	用水管理		水价				2018—2020年农业灌溉水费(万元)			财政补助(万元)		
			是否办理取水许可证	年取水许可水量(万m³/年)	是否实施农业水价综合改革	现行水价批复年份	执行水价(元/m³)	全成本水价(元/m³)	运行维护成本水价(元/m³)	应收	实收	水费缴收方式	总计	其中
														人员经费	维修养护经费
1	2	3	4	5	6	7	8	9	10	11	12	13	14	15	16
一般中型灌区	33	相国圩灌区	是	580	是	2019	水稻基本价0.029,计量价0.008;水产基本价0.027,计量价0.075;瓜果基本价0.077,计量价0.024;蔬菜基本价0.128,计量价0.047。淳东南北抽水站补水水价0.1138	0.14		10	10	按m³征收	0	0	0
	34	永胜圩灌区	是	693	是	2018	水稻灌溉片0.037、水产养殖0.102、瓜果灌溉片0.101、蔬菜灌溉片0.175	水稻灌溉片0.095、水产养殖0.113、瓜果灌溉片0.354、蔬菜灌溉片0.457	水稻灌溉片0.037、水产养殖0.102、瓜果灌溉片0.101、蔬菜灌溉片0.175	56	56	按m³征收	324	144	180
	35	胜利圩灌区	是	465	是	2018	水稻灌溉片0.037、水产养殖0.102、瓜果灌溉片0.101、蔬菜灌溉片0.175	水稻灌溉片0.095、水产养殖0.113、瓜果灌溉片0.354、蔬菜灌溉片0.457	水稻灌溉片0.037、水产养殖0.102、瓜果灌溉片0.101、蔬菜灌溉片0.175	40	40	按m³征收	165	115	50
	36	保胜圩灌区	是	345	是	2018	水稻灌溉片0.037、水产养殖0.102、瓜果灌溉片0.101、蔬菜灌溉片0.175	水稻灌溉片0.095、水产养殖0.113、瓜果灌溉片0.354、蔬菜灌溉片0.457	水稻灌溉片0.037、水产养殖0.102、瓜果灌溉片0.101、蔬菜灌溉片0.175	30	30	按m³征收	77	42	35
	37	龙袍圩灌区	是	880	是	2019	0.04	自流:0.056 提水:混流泵0.127 离心泵0.17	0.04	70	70	按m³征收	115	75	40
	38	新集灌区	是	470	是	2019	0.04	自流:0.056 提水:混流泵0.127 离心泵0.17	0.04	50	48	按m³征收	0	0	0
无锡市				636						127	89		3	2	1
一般中型灌区	39	溪北灌区	是	636	是	2017	0.078		0.078	127	89	按m³征收	3	2	1

续表

灌区类型	序号	灌区名称	用水管理		水价				2018—2020年农业灌溉水费(万元)			财政补助(万元)		其中	
			是否办理取水许可证	年取水许可水量(万m³/年)	是否实施农业水价综合改革	现行水价批复年份	执行水价(元/m³)	全成本水价(元/m³)	运行维护成本水价(元/m³)	应收	实收	水费收缴方式	总计	人员经费	维修养护经费
1	2	3	4	5	6	7	8	9	10	11	12	13	14	15	16
重点中型灌区		徐州市		194229						11424	11095		4721	2411	2311
	40	复新河灌区	是	9970	是	2019	水田:0.083 旱田:0.06~0.08		水田:0.083 旱田:0.06~0.08	392	375	按m³征收	0	0	0
	41	四联河灌区	是	3630	是	2019	0.06~0.08		0.06~0.08	197	188	按m³征收	0	0	0
	42	苗城河灌区	是	2235	是	2019	0.06~0.08		0.06~0.08	174	170	按m³征收	0	0	0
	43	大沙河灌区	是	3365	是	2019	0.06~0.08		0.06~0.08	366	344	按m³征收	0	0	0
	44	郑集南支河灌区	是	3450	是	2019	0.06~0.08		0.06~0.08	293	288	按m³征收	0	0	0
	45	灌婴灌区	是	5658	是	2018	0.085~0.105	0.085~0.105	0.057~0.077	219	210	按m³征收	27	22	5
	46	侯阁灌区	是	5398	是	2018	0.085~0.105	0.085~0.105	0.057~0.077	162	157	按m³征收	16	11	5
	47	邹庄灌区	是	4411	是	2018	0.085~0.105	0.085~0.105	0.057~0.077	307	295	按m³征收	31	27	5
	48	上级湖灌区	是	9289	是	2018	0.085~0.105	0.085~0.105	0.057~0.077	678	650	按m³征收	67	62	5
	49	胡寨灌区	是	3200	是	2018	0.085~0.105	0.085~0.105	0.057~0.077	198	189	按m³征收	43	39	4
	50	苗洼灌区	是	6760	是	2018	0.085~0.105	0.085~0.105	0.057~0.077	535	513	按m³征收	25	20	5
	51	沛城灌区	是	6394	是	2018	0.085~0.105	0.085~0.105	0.057~0.077	483	462	按m³征收	21	17	4
	52	五段灌区	是	6000	是	2018	0.085~0.105	0.085~0.105	0.057~0.077	323	310	按m³征收	57	53	4
	53	陈楼灌区	是	11417	是	2018	0.085~0.105	0.085~0.105	0.057~0.077	594	568	按m³征收	21	15	5
	54	王山站灌区	是	10032	是	2019	二级提水:水田0.1135; 旱田0.2256		二级提水:水田0.1135; 旱田0.2256	942	925	按m³征收	363	186	177
	55	运南灌区	是	5425	是	2019	二级提水:水田0.1135; 旱田0.2256		二级提水:水田0.1135; 旱田0.2256	541	515	按m³征收	108	21	88
	56	郑集河灌区	是	12040	是	2019	三级提水:水田0.148; 旱田0.3070		三级提水:水田0.148; 旱田0.3070	1213	1168	按m³征收	272	108	164

续表

灌区类型	序号	灌区名称	用水管理 是否办理取水许可证	年取水许可水量(万m³/年)	是否实施农业水价综合改革	现行水价批复年份	水价 执行水价(元/m³)	全成本水价(元/m³)	运行维护成本水价(元/m³)	2018—2020年农业灌溉水费(万元) 应收	实收	水费收缴方式	财政补助(万元) 总计	其中 人员经费	其中 维修养护经费
1	2	3	4	5	6	7	8	9	10	11	12	13	14	15	16
重点中型灌区	57	房亭河灌区	是	3877	是	2019	二级提水:水田 0.1135;旱田 0.2256		二级提水:水田 0.1135;旱田 0.2256	300	289	按m³征收	72	21	51
	58	马坡灌区	是	3556	是	2019	三级提水:水田 0.148;旱田 0.3070		三级提水:水田 0.148;旱田 0.3070	446	425	按m³征收	63	11	52
	59	丁万河灌区	是	2397	是	2019	二级提水:水田 0.1135;旱田 0.2256		二级提水:水田 0.1135;旱田 0.2256	170	162	按m³征收	70	37	32
	60	湖东滨湖灌区	是	1920	是	2019	二级提水:水田 0.1135;旱田 0.2256		二级提水:水田 0.1135;旱田 0.2256	116	116	按m³征收	75	56	19
	61	大运河灌区	是	5344	是	2019	二级提水:水田 0.1135;旱田 0.2256		二级提水:水田 0.1135;旱田 0.2256	525	525	按m³征收	114	30	84
	62	奎河灌区	是	1812	是	2019	二级提水:水田 0.1135;旱田 0.2256		二级提水:水田 0.1135;旱田 0.2256	176	176	按m³征收	59	25	34
	63	高集灌区	是	2050	是	2019	0.104	0.172	0.104	63	63	按m³征收	0	0	0
	64	黄河灌区	是	3250	是	2019	0.104	0.172	0.104	78	78	按m³征收	691	162	530
	65	关庙灌区	是	1700	是	2019	0.084	0.151	0.084	55	55	按m³征收	269	91	178
	66	庆安灌区	是	6500	是	2019	0.118	0.184	0.118	73	73	按m³征收	499	259	239
	67	沙集灌区	是	6100	是	2019	0.100	0.157	0.100	109	109	按m³征收	852	320	532
	68	岔河灌区	是	7200	是	2019	0.087	0.113	0.087	308	308	按m³征收	159	153	5
	69	银杏湖灌区	是	2200	是	2019	0.087	1.113	0.087	41	41	按m³征收	124	113	11
	70	邳城灌区	是	8000	是	2019	0.087	0.113	0.087	465	465	按m³征收	181	176	5

续表

灌区类型	序号	灌区名称	用水管理			水价					2018—2020年农业灌溉水费(万元)			财政补助(万元)		
			是否办理取水许可证	年取水许可水量(万m³/年)	是否实施农业水价综合改革	现行水价批复年份	执行水价(元/m³)	全成本水价(元/m³)	运行维护成本水价(元/m³)	应收	实收	水费收缴方式	总计	人员经费	维修养护经费
1	2	3	4	5	6	7	8	9	10	11	12	13	14	15	16
重点中型灌区	71	民便河灌区	是	4429	是	2019	0.087	1.113	0.087	140	140	按m³征收	232	226	6
	72	沂运灌区	是	3000	是	2019	0.131		0.131	123	123	按m³征收	50	40	10
	73	高阿灌区	是	1500	是	2019	0.092		0.092	65	65	按m³征收	0	0	0
	74	棋新灌区	是	1050	是	2019	0.166		0.166	70	70	按m³征收	0	0	0
	75	沂沭河灌区	是	4700	是	2019	0.166		0.166	175	175	按m³征收	160	110	50
	76	木牙河灌区	是	4270	是	2019	0.1075	0.082	0.0775	79	78	按m³征收	0	0	0
	77	东风灌区	是	2700	是	2019	0.1075	0.082	0.0775	50	50	按m³征收	0	0	0
	78	子姚河灌区	是	2700	是	2019	0.1075	0.082	0.0775	50	50	按m³征收	0	0	0
	79	河东灌区	是	1800	是	2019	0.084	0.151	0.084	24	24	按m³征收	0	0	0
一般中型灌区	80	合沟灌区	是	500	是	2019	0.139		0.139	37	37	按m³征收	0	0	0
	81	运南灌区	是	1000	是	2019	0.1075	0.082	0.0775	31	31	按m³征收	0	0	0
	82	二八河灌区	是	2000	是	2019	0.1075	0.082	0.0775	40	40	按m³征收	0	0	0
常州市				2550						28	28		50	38	12
重点中型灌区	83	大溪水库灌区	是	1350	是	2019	0.03		0.03	15	15	按m³征收	0	0	0
	84	沙河水库灌区	是	1200	是	2019	0.05		0.05	13	13	按m³征收	50	38	12
南通市				166798						12189	12010		4896	2062	2834
重点中型灌区	85	通扬灌区	是	14500	是	2019	0.09	0.09	0.08	1832	1795	按m³征收	637	342	295
	86	焦港灌区	是	10100	是	2019	0.09	0.09	0.08	788	764	按m³征收	803	561	242
	87	如皋港灌区	是	10100	是	2019	0.08	0.08	0.07	343	329	按m³征收	451	341	110
	88	红星灌区	是	6420	是	2019	0.07	0.07	0.07	352	341	按m³征收	257	207	50
	89	新通扬灌区	是	14122	是	2020	0.07	0.07	0.07	1395.9	1350.4	按m³征收	401	401	0
	90	丁堡灌区	是	6874	是	2020	0.07	0.07	0.07	560	558	按m³征收	104.6	104.6	

续表

灌区类型	序号	灌名称区	用水管理			水价			2018—2020年农业灌溉水费(万元)			财政补助(万元)		
			是否办理取水许可证	年取水许可水量(万m³/年)	是否实施农业水价综合改革	现行水价批复年份	执行水价(元/m³)	全成本水价(元/m³)	运行维护成本水价(元/m³)	应收	实收	水费收缴方式	总计	人员经费	维修养护经费
1	2	3	4	5	6	7	8	9	10	11	12	13	14	15	16
重点中型灌区	91	江海灌区	是	11594	是	2019	0.12	0.12	0.09	1077	1061	按m³征收	479	0	479
	92	九洋灌区	是	12580	是	2019	0.12	0.12	0.09	1083	1075	按m³征收	431	0	431
	93	马丰灌区	是	8784	是	2019	0.12	0.12	0.09	914	906	按m³征收	456	0	456
	94	如环灌区	是	2618	是	2019	0.12	0.12	0.09	481	476	按m³征收	134	0	134
	95	新建河灌区	是	4446	是	2018	0.120	0.120	0.090	279	279	按m³征收	98	0	98
	96	掘苴河灌区	是	3785	是	2018	0.120	0.120	0.090	216	216	按m³征收	76	0	76
	97	九遥河灌区	是	4151	是	2018	0.120	0.120	0.090	258	258	按m³征收	90	0	90
	98	九圩港灌区	是	13161	是	2019	0.144	0.160	0.140	1179	1179	按m³征收	144	0	144
	99	余丰灌区	是	9431	是	2019	0.144	0.160	0.140	442	442	按m³征收	103	0	103
	100	团结灌区	是	9443	是	2019	0.144	0.160	0.140	587	587	按m³征收	103	0	103
	101	合南灌区	是	3582	是	2017	0.11	0.19	0.13	62	42.17	按m³征收	0	0	0
	102	三条港灌区	是	2196	是	2017	0.11	0.19	0.13	45	62	按m³征收	0	0	0
	103	通兴灌区	是	2291	是	2017	0.11	0.19	0.13	45	45	按m³征收	0	0	0
	104	悦来灌区	是	6952	是	2019	0.185	0.14	0.055	73.10	65.38	按m³征收	8	3	5
	105	常乐灌区	是	3950	是	2019	0.185	0.14	0.055	43.63	43.63	按m³征收	0	0	0
	106	正余灌区	是	3195	是	2019	0.185	0.14	0.055	28.81	28.81	按m³征收	0	0	0
	107	余东灌区	是	1830	是	2019	0.185	0.14	0.055	42	42	按m³征收	5.91	0	4
一般中型灌区	108	长青砂灌区	是	694	是	2019	0.08	0.08	0.07	66	64	按m³征收	115	100	15
		连云港市		110360						7475	7445		2479	1676	802
重点中型灌区	109	安峰山水库灌区	是	3520	是	2019	0.03	0.03	0.03	80	80	按m³征收	0	0	0
	110	红石渠灌区	是	6300	是	2019	0.038		0.038	150	145	按m³征收	223	192	31
	111	官沟河灌区	是	9500	是	2019	0.07~0.084		0.07~0.084	1319	1319				

续表

灌区类型	序号	灌区名称	用水管理			水价				2018—2020年农业灌溉水费（万元）			财政补助（万元）		
^	^	^	是否办理取水许可证	年取水许可水量（万m³/年）	是否实施农业水价综合改革	现行水价批复年份	执行水价（元/m³）	全成本水价（元/m³）	运行维护成本水价（元/m³）	应收	实收	水费收缴方式	总计	人员经费	维修养护经费
1	2	3	4	5	6	7	8	9	10	11	12	13	14	15	16
重点中型灌区	112	叮当河灌区	是	6800	是	2019	0.07~0.084		0.07~0.084	856	856	按m³征收	239	204	35
^	113	界北灌区	是	12300	是	2019	0.07~0.084		0.07~0.084	1065	1065	按m³征收	172	108	64
^	114	界南灌区	是	3100	是	2019	0.07~0.084		0.07~0.084	1062	1062	按m³征收	116	102	14
^	115	一条岭灌区	是	7200	是	2019	0.078~0.099		0.078~0.099	852	852	按m³征收	215	180	35
^	116	柴沂灌区	是	2000	是	2019	0.08	0.2	0.08	70	70	按m³征收	47	0	47
^	117	柴塘灌区	是	2100	是	2019	0.08	0.2	0.08	70	68	按m³征收	36	0	36
^	118	涟中灌区	是	14100	是	2019	0.08	0.2	0.08	375	365	按m³征收	163	0	163
^	119	灌北灌区	是	12000	是	2019	0.08	0.2	0.08	201	195	按m³征收	98	0	98
^	120	淮涟灌区	是	7000	是	2019	0.08		0.08	118	115	按m³征收	46	0	46
^	121	沂南灌区	是	3400	是	2019	0.08		0.08	96	96	按m³征收	51	0	51
^	122	古坡翻水站区	是	1700	是	2019	管灌 0.2~0.5 喷微灌 0.5~1.5 自流灌区 0.097 提灌区 0.103	0.103	0.04	213	210	按m³征收	199	186	13
一般中型灌区	123	昌黎灌区	是	1000	是	2019	0.038		0.04	11	11	按m³征收	0	0	0
^	124	羽山水库灌区	是	520	是	2019	0.03		0.04	15	15	按m³征收	0	0	0
^	125	贺庄水库灌区	是	500	是	2019	0.038		0.04	19	19	按m³征收	0	0	0
^	126	横沟水库灌区	是	1200	是	2019	0.03		0.05	20	20	按m³征收	15	0	15
^	127	房山水库灌区	是	1000	是	2019	0.03		0.04	25	25	按m³征收	16	0	16
^	128	大石埠水库灌区	是	936	是	2019	0.038		0.041	20	20	按m³征收	15	0	15
^	129	陈栈水库灌区	是	624	是	2019	0.038		0.041	15	15	按m³征收	1	0	1
^	130	芦窝水库灌区	是	780	是	2019	0.038		0.041	18	18	按m³征收	5	0	5
^	131	灌西盐场灌区	是	700	是	2019	0.07~0.084	0.2	0.07~0.084	56	56	按m³征收	29	24	5
^	132	涟西灌区	是	2600	是	2019	0.08		0.08	56	56	按m³征收	23	0	23

续表

灌区类型	序号	灌区名称	用水管理			水价				2018—2020年农业灌溉水费(万元)			财政补助(万元)		
^	^	^	是否办理取水许可证	年取水许可水量(万m³/年)	是否实施农业水价综合改革	现行水价批复年份	执行水价(元/m³)	全成本水价(元/m³)	运行维护成本水价(元/m³)	应收	实收	水费收缴方式	总计	人员经费	其中 维修养护经费
1	2	3	4	5	6	7	8	9	10	11	12	13	14	15	16
一般中型灌区	133	阚岭翻水站灌区	是	819	是	2019	管灌 0.2~0.5 喷微灌 0.5~1.5 自流灌溉 0.097 提水灌溉 0.103	0.103	0.04	180	180	按m³征收	272	244	28
^	134	八条路水库灌区	是	751.7	是	2019	管灌 0.2~0.5 喷微灌 0.5~1.5 自流灌溉 0.097 提水灌溉 0.103	0.103	0.04	28	28	按m³征收	117	107	10
^	135	王集水库灌区	是	802	是	2019	管灌 0.2~0.5 喷微灌 0.5~1.5 自流灌溉 0.097 提水灌溉 0.103	0.103	0.04	18	18	按m³征收	184	166	18
^	136	红领巾水库灌区	是	322.5	是	2019	管灌 0.2~0.5 喷微灌 0.5~1.5 自流灌溉 0.097 提水灌溉 0.103	0.103	0.04	54	53	按m³征收	105	98	7
^	137	横山水库灌区	是	625	是	2019	管灌 0.2~0.5 喷微灌 0.5~1.5 自流灌溉 0.097 提水灌溉 0.103	0.103	0.04	15	15	按m³征收	22	22	0
^	138	孙庄灌区	是	3360	是	2019	0.082		0.082	217	217	按m³征收	37	22	15
^	139	刘顶灌区	是	2800	是	2019	0.082		0.082	180	180	按m³征收	34	22	12
^	淮安市			70456						1344	1336		957	784	173
重点中型灌区	140	运西灌区	是	9500	是	2019	自流灌溉 0.032 提水渠道灌溉 0.080~0.09 提水管道灌溉 0.138~0.158		自流灌溉 0.032 提水渠道灌溉 0.080~0.09	169	169	按m³征收	226	186	40

续表

灌区类型	序号	灌区名称	用水管理			水价				2018—2020年农业灌溉水费(万元)				财政补助(万元)		
			是否办理取水许可证	年取水许可水量(万m³/年)	是否实施农业水价综合改革	现行水价批复年份	执行水价(元/m³)	全成本水价(元/m³)	运行维护成本水价(元/m³)	应收	实收	水费收缴方式	总计	人员经费	其中 维修养护经费
1	2	3	4	5	6	7	8	9	10	11	12	13	14	15	16
	141	淮南圩灌区	是	5700	是	2019	0.06~0.12	0.12	0.0603	123	123	按m³征收	0	0	0
	142	利农河灌区	是	4355	是	2019	0.08~0.12	0.12	0.0603	74	74	按m³征收	0	0	0
	143	官塘灌区	是	2695	是	2019	0.08~0.12	0.12	0.0603	28	28	按m³征收	0	0	0
	144	运中灌区	是	8554	是	2019	自流灌溉 0.032 提水渠道灌溉 0.065~0.104 提水管道灌溉 0.080~0.120		自流灌溉 0.032 提水渠道灌溉 0.065~0.104 提水管道灌溉 0.080~0.120	150	146	按m³征收	168	162	7
重点中型灌区	145	顺河洞灌区	是	5955	是	2019	自流灌溉 0.0268 提水灌溉 0.0928 低压管道灌溉 0.0862		自流灌溉 0.0268 提水灌溉 0.0928 低压管道灌溉 0.0862	68	65	按m³征收	166	147	19
	146	蛇家坝灌区	是	5777	是	2019	同上		同上	28	27	按m³征收	177	160	18
	147	东灌区	是	8363	是	2019	0.094	0.094	0.016	326	326	按m³征收	0	0	0
	148	官滩灌区	是	1323	是	2019	0.08	0.08		73	73	按m³征收	0	0	0
	149	桥口灌区	是	3062	是	2019	0.08	0.08		42	42	按m³征收	0	0	0
	150	饱庄灌区	是	2509	是	2019	0.079	0.079		35	35	按m³征收	0	0	0
	151	河桥灌区	是	1276	是	2019	0.08	0.08		40	40	按m³征收	0	0	0
	152	三墩灌区	是	1200	是	2019	0.08	0.08	0.08	38	38	按m³征收	0	0	0
	153	临湖灌区	是	7000	是	2019	0.08	0.08	0.08	105	105	按m³征收	220	130	90
一般中型灌区	154	振兴圩灌区	是	2200	是	2019	0.06~0.12	0.12	0.0603	20	20	按m³征收	0	0	0
	155	洪湖圩灌区	是	772	是	2019	0.06~0.12	0.12	0.0603	15	15	按m³征收	0	0	0
	156	郑家圩灌区	是	215	是	2019	0.06~0.12	0.12	0.0603	10	10	按m³征收	0	0	0
盐城市				177080						11744	11650		3838	1980	1924
重点	157	六套干渠灌区	是	8443	是	2018	0.080	0.050	0.050	400	400	按m³征收	0	0	0

续表

灌区类型	序号	灌区名称	用水管理			水价				2018—2020年农业灌溉水费(万元)				财政补助(万元)		
			是否办理取水许可证	年取水许可水量(万m³/年)	是否实施农业水价综合改革	现行水价批复年份	执行水价(元/m³)	全成本水价(元/m³)	运行维护成本水价(元/m³)	应收	实收	水费收缴方式	总计	人员经费	其中 维修养护经费
1	2	3	4	5	6	7	8	9	10	11	12	13	14	15	16
重点中型灌区	158	淮北干渠灌区	是	4214	是	2018	0.080	0.080	0.050	208	208	按m³征收	0	0	0
	159	黄响河灌区	是	9879	是	2018	0.080	0.080	0.050	200	200	按m³征收	0	0	0
	160	大寨河灌区	是	4161	是	2018	0.080	0.080	0.050	200	200	按m³征收	0	0	0
	161	双南干渠灌区	是	11289	是	2018	0.080	0.080	0.050	400	400	按m³征收	0	0	0
	162	南干渠灌区	是	6058	是	2018	0.080	0.080	0.050	160	160	按m³征收	0	0	0
	163	陈涛灌区	是	12500	是	2019	0.07	0.11	0.07	499	499	按m³征收	0	0	0
	164	南弓灌区	是	11000	是	2019	0.07	0.11	0.07	459	459	按m³征收	0	0	0
	165	张弓灌区	是	12000	是	2019	0.07	0.11	0.07	472	472	按m³征收	0	0	0
	166	渠北灌区	是	4000	是	2019	0.065~0.087		0.065~0.087	545	534	按m³征收	109	45	64
	167	沟墩灌区	是	4701	是	2017	固定泵站 0.065~0.087 流动泵站 0.08~0.1		固定泵 0.065~0.087 流动泵 0.08~0.1	270	257	按m³征收	78	53	25
	168	陈良灌区	是	2809	是	2017	0.08~0.1		0.08~0.1	232	232	按m³征收	56	44	12
	169	吴滩灌区	是	3165	是	2017	固定泵站 0.06~0.08 流动泵 0.08~0.09		固定泵 0.06~0.08 流动泵 0.08~0.09	153	151	按m³征收	27	56	27
	170	川南灌区	是	4000	是	2019	0.076		0.065	78	78	按m³征收	0	0	0
	171	斗西灌区	是	5200	是	2020	0.091		0.087	65	65	按m³征收	475	152	323
	172	斗北灌区	是	3100	是	2019	0.08		0.01	156.8	156.8	按m³征收	119	16	103
	173	红旗灌区	是	2322	是	2019	0.11	0.13	0.11	338	324	按m³征收	41	0	41
	174	陈洋灌区	是	2993	是	2019	0.11	0.13	0.11	435	418	按m³征收	52	0	52
	175	桥西灌区	是	3689	是	2020	0.11	0.13	0.11	37.84	35.95	按m³征收	118.38	95	23.38
	176	东南灌区	是	4846	是	2019	0.13	0.15	0.13	727	727	按m³征收	144	96	48
	177	龙冈灌区	是	3598	是	2019	0.13	0.15	0.13	527	527	按m³征收	121	75	46
	178	红九灌区	是	7207	是	2019	0.11	0.13	0.11	628	628	按m³征收	527	348	179
	179	大纵湖灌区	是	4906	是	2019	0.11	0.13	0.11	427	427	按m³征收	446	324	122

续表

灌区类型	序号	灌区名称	用水管理			水价				2018—2020年农业灌溉水费(万元)			财政补助(万元)		
			是否办理取水许可证	年取水许可水量(万m³/年)	是否实施农业水价综合改革	现行水价批复年份	执行水价(元/m³)	全成本水价(元/m³)	运行维护成本水价(元/m³)	应收	实收	水费缴纳方式	总计	人员经费	维修养护经费
1	2	3	4	5	6	7	8	9	10	11	12	13	14	15	16
重点中型灌区	180	学富灌区	是	4300	是	2019	0.11	0.13	0.11	375	375	按m³征收	203	96	107
	181	盐东灌区	是	1540	是	2019	0.13	0.15	0.13	200	200	按m³征收	80	35	55
	182	黄尖灌区	是	2720	是	2019	0.13	0.15	0.13	354	354	按m³征收	101	60	41
	183	上冈灌区	是	12232	是	2017年	0.125	0.15	0.125	1088	1088	按m³征收	300	140	160
	184	宝塔灌区	是	2195	是	2017年	0.125	0.15	0.125	190	190	按m³征收	98	48	50
	185	高作灌区	是	2598	是	2017年	0.125	0.15	0.125	240	240	按m³征收	133	68	65
	186	庆丰灌区	是	3752	是	2017年	0.125	0.15	0.125	340	340	按m³征收	210	100	110
	187	盐建灌区	是	3816	是	2017年	0.125	0.15	0.125	345	345	按m³征收	243	123	120
一般中型灌区	188	花元灌区	是	860	是	2019	0.11	0.13	0.11	125	120	按m³征收	15	0	15
	189	川彭灌区	是	1445	是	2019	0.11	0.13	0.11	210	202	按m³征收	25	0	25
	190	安东灌区	是	1101	是	2019	0.11	0.13	0.11	160	154	按m³征收	19	0	19
	191	跃中灌区	是	791	是	2019	0.11	0.13	0.11	115	110	按m³征收	14	0	14
	192	东厦灌区	是	406	是	2019	0.11	0.13	0.11	59	57	按m³征收	7	0	7
	193	王开灌区	是	589	是	2019	0.11	0.13	0.11	86	82	按m³征收	10	0	10
	194	安石灌区	是	757	是	2019	0.11	0.13	0.11	110	106	按m³征收	13	0	13
	195	三圩灌区	是	1600	是	2020	0.08	0.07	0.01	44	44	按m³征收	50	7	43
	196	东里灌区	是	299	是	2018	0.123	0.065	0.04	85.7	85.7	按m³征收	5	0	5
扬州市				142086						4543	4504		3274	1209	2054
重点中型灌区	197	永丰灌区	是	8000	是	2018	0.029		0.0804	168	168	按m³征收	167	74	94
	198	庆丰灌区	是	8200	是	2018	0.029		0.094	161	161	按m³征收	136	71	65
	199	临城灌区	是	3200	是	2018	0.029		0.122	79	79	按m³征收	115	89	25
	200	泾河灌区	是	6000	是	2018	0.029		0.0973	128	128	按m³征收	127	74	53
	201	宝射河灌区	是	12000	是	2018	0.013		0.093	118	118	按m³征收	85	30	55

173

续表

灌区类型	序号	灌名称区	用水管理 是否办理取水许可证	年取水许可水量(万m³/年)	水价 是否实施农业水价综合改革	现行水价批复年份	执行水价(元/m³)	全成本水价(元/m³)	运行维护成本水价(元/m³)	2018—2020年农业灌溉水费(万元) 应收	实收	水费收缴方式	财政补助(万元) 总计	其中 人员经费	维修养护经费
1	2	3	4	5	6	7	8	9	10	11	12	13	14	15	16
重点中型灌区	202	宝应灌区	是	12000	是	2018	0.013		0.0796	148	148	按m³征收	74	24	50
	203	司徒灌区	是	7500	是	2018	0.0129		0.09	104	104	按m³征收	77	44	34
	204	汉留灌区	是	6000	是	2018	0.0127		0.098	80	80	按m³征收	53	29	24
	205	三垛灌区	是	5500	是	2018	0.0125		0.098	82	82	按m³征收	45	25	20
	206	向阳河灌区	是	5000	是	2018	0.0153		0.17	74	74	按m³征收	41	19	22
	207	红旗河灌区	是	12200	是	2018	0.1384	0.1384	0.0887	164	164	按m³征收	196	0	196
	208	团结河灌区	是	5500	是	2018	0.1465	0.1465	0.0806	79	79	按m³征收	89	0	89
	209	三阳河灌区	是	7000	是	2018	0.1314	0.1314	0.0806	97	97	按m³征收	138	0	138
	210	野田河灌区	是	6900	是	2018	0.1205	0.1205	0.0806	95	95	按m³征收	74	0	74
	211	向阳河灌区	是	2765	是	2018	0.154	0.154	0.090	41	41	按m³征收	98	0	98
	212	塘田灌区	是	3960	是	2018	0.1072~0.3101		0.1072~0.3101	349	349	按m³征收	124	31	93
	213	月塘灌区	是	4767	是	2018	0.133		0.121	579	564	按m³征收	336	191	145
	214	沿江灌区	是	4168	是	2018	0.068~0.103		0.068~0.103	52	52	按m³征收	209	100	109
	215	甘泉灌区	是	1100	是	2018	0.1222		0.098	19	19	按m³征收	64	60	4
一般中型灌区	216	杨寿灌区	是	1150	是	2018	0		丘陵84.35元/亩 丘陵一级98.07元/亩 丘陵二级113.1元/亩	200	200	按m³征收	76	24	52
	217	沿湖灌区	是	2000	是	2018	圩区一级0.1297 丘陵一级0.1601 丘陵二级0.1883		圩区一级0.1297 丘陵一级0.1601 丘陵二级0.1883	59	59	按m³征收	93	32	61
	218	方巷灌区	是	2100	是	2018	丘陵一级0.1294 丘陵二级0.2053		丘陵一级0.1294 丘陵二级0.2053	32	22	按m³征收	93	32	61
	219	槐泗灌区	是	1700	是	2019	圩区一级0.081 丘陵二级0.1333	圩区一级0.1262 丘陵二级0.1766	圩区一级0.1081 丘陵二级0.1696	142	135	按m³征收	73	20	53

续表

灌区类型			用水管理			水价				2018—2020年农业灌溉水费(万元)			财政补助(万元)		
灌区类型	序号	灌区名称	是否办理取水许可证	年取水许可量(万m³/年)	是否实施农业水价综合改革	现行水价批复年份	执行水价(元/m³)	全成本水价(元/m³)	运行维护成本水价(元/m³)	应收	实收	水费缴收方式	总计	人员经费	其中 维修养护经费
1	2	3	4	5	6	7	8	9	10	11	12	13	14	15	16
重点中型灌区	220	红星灌区	是	640	是	2018	0.1072~0.3101		0.1072~0.3101	84	84	按m³征收	15	0	15
	221	凤岭灌区	是	519	是	2018	0.1076~0.3243		0.1076~0.3243	96	96	按m³征收	25	7	18
	222	朱桥灌区	是	1505	是	2018	0.1076~0.3243		0.1076~0.3243	150	150	按m³征收	80	28	52
	223	稻山灌区	是	956	是	2018	0.1076~0.3243		0.1076~0.3243	125	125	按m³征收	42	9	33
	224	东风灌区	是	973	是	2018	0.1076~0.3243		0.1076~0.3243	141	141	按m³征收	34	0	34
	225	白羊山灌区	是	1692	是	2018	0.093		0.081	149	143		113	62	51
	226	刘集红光灌区	是	1165	是	2018	0.1007~0.3036		0.1007~0.3036	145	145	按m³征收	51	9	42
	227	高营灌区	是	2120	是	2018	0.0909~0.2938		0.0909~0.2938	179	179	按m³征收	44	0	44
	228	红旗灌区	是	744	是	2018	0.0864~0.2893		0.0864~0.2893	115	115	按m³征收	61	19	42
	229	秦桥灌区	是	456	是	2018	0.0864~0.2893		0.0864~0.2893	69	69	按m³征收	37	11	26
	230	通新集灌区	是	674	是	2018	0.0875~0.1051		0.0875~0.1051	82	82	按m³征收	38	17	20
	231	烟台山灌区	是	547	是	2018	0.0875~0.1051		0.0875~0.1051	33	33	按m³征收	18	1	17
	232	青山灌区	是	384	是	2018	0.0889~0.2489		0.0889~0.2489	46	46	按m³征收	40	23	17
	233	十二圩灌区	是	1000	是	2018	0.1384		0.1384	78	78	按m³征收	94	55	28
		镇江市		15640						1722	1665		1470	687	783
重点中型灌区	234	北山湖灌区	是	7200	是	2019	0.114(粮食) 0.119(经济作物)	0.114(粮食) 0.119(经济作物)	0.079(粮食) 0.083(经济作物)	777	750	按m³征收	338	45	293
	235	赤山湖灌区	是	4100	是	2019	0.114(粮食) 0.119(经济作物)	0.114(粮食) 0.119(经济作物)	0.079(粮食) 0.083(经济作物)	604	585	按m³征收	420	60	360
	236	长山灌区	是	3000	是	2019	0.075	0.075	0.030	204	200	按m³征收	430	350	80
一般中型灌区	237	小辛灌区	是	700	是	2019	0.075	0.075	0.03	84	80	按m³征收	141	116	25
	238	后马灌区	是	640	是	2019	0.075	0.075	0.03	53	50	按m³征收	141	116	25

175

续表

灌区类型		序号	灌区名称	用水管理			水价				2018—2020年农业灌溉水费(万元)			财政补助(万元)		
				是否办理取水许可证	年取水许可水量(万m³/年)	是否实施农业水价综合改革	现行水价批复年份	执行水价(元/m³)	全成本水价(元/m³)	运行维护成本水价(元/m³)	应收	实收	水费收缴方式	总计	人员经费	维修养护经费
1	2		3	4	5	6	7	8	9	10	11	12	13	14	15	16
	泰州市				83646						3644	3606		627	285	342
重点中型灌区		239	孤山灌区	是	3000	是	2019	0.14		0.14	53	53	按m³征收	0	0	0
		240	黄桥灌区	是	20000	是	2019	0.14	0.14	0.07	1109	1071	按m³征收	0	0	0
		241	高港灌区	是	6000	是	2019	0.2	0.32	0.3	854	854	按m³征收	530	210	320
		242	溱潼灌区	是	14900	是	2019	0.14	0.14	0.08	180	180	按m³征收	0	0	0
		243	周山河灌区	是	25022	是	2019	0.16	0.16	0.099	171	171	按m³征收	0	0	0
		244	卤丙灌区	是	2889	是	2019	0.135		0.099	222	222	按m³征收	97	75	22
		245	西部灌区	是	8835	是	2019	0.135		0.099	876	876	按m³征收	0	0	0
一般中型灌区		246	西来灌区	是	3000	是	2019	0.135			179	179	按m³征收	0	0	0
	宿迁市				87362						3345	3262		1117	590	527
重点中型灌区		247	皂河灌区	是	9890	是	2019	一级提水区0.125 二级提水区0.161	一级提水区0.125 二级提水区0.161	0.102	412	400	按m³征收	538	390	148
		248	嶂山灌区	是	5100	是	2019	0.120	0.173	0.053	501	501	按m³征收	0	0	0
		249	柴沂灌区	是	7750	是	2019	0.053	0.109	0.031	141	135	按m³征收	0	0	0
		250	古泊灌区	是	8371	是	2019	0.031	0.059	0.044	222	215	按m³征收	20	4	16
		251	淮西灌区	是	10550	是	2019	0.044	0.093	0.053	226	220	按m³征收	46	9	37
		252	沙河灌区	是	6802	是	2019	0.053	0.121	0.045	183	183	按m³征收	0	0	0
		253	新化灌区	是	5232	是	2019	0.045	0.110	0.108	54	54	按m³征收	0	0	0
		254	新华灌区	是	8278	是	2019	0.150	0.165	0.081	226	220	按m³征收	7	0	7
		255	安东河灌区	是	5150	是	2017	0.081	0.101	0.085	310	300	按m³征收	120	40	80
		256	蔡圩灌区	是	5000	是	2017	0.085	0.113	0.082	434	430	按m³征收	148	48	100
		257	车门灌区	是	4590	是	2017	0.082	0.096		137	131	按m³征收	80	30	50

续表

灌区类型		序号	灌区名称	用水管理			水价				2018—2020年农业灌溉水费(万元)			财政补助(万元)		
				是否办理取水许可证	年取水许可水量(万m³/年)	是否实施农业水价综合改革	现行水价批复年份	执行水价(元/m³)	全成本水价(元/m³)	运行维护成本水价(元/m³)	应收	实收	水费收缴方式	总计	其中	
															人员经费	维修养护经费
1		2	3	4	5	6	7	8	9	10	11	12	13	14	15	16
重点中型	一般	258	雪枫灌区	是	6150	是	2017	0.083	0.088	0.083	378	351	按m³征收	99	49	50
		259	红旗灌区	是	2000	是	2019	0.060	0.070	0.060	58	58	按m³征收	29	12	17
		260	曹庙灌区	是	2500	是	2019	0.060	0.070	0.060	64	64	按m³征收	30	8	22
监狱农场					16704						148	148		0	0	0
重点中型灌区		261	大中农场灌区	是	4370	是	2020	0.0762		0.0652	32	32	按m³征收	0	0	0
		262	五图河农场灌区	是	4293	是	2019	0.07~0.084		0.07~0.084	29	29	按m³征收	0	0	0
		263	东辛农场灌区	是	2900	是	2019				57	57	按m³征收	0	0	0
		264	洪泽湖农场灌区	是	5141	是	2019	0.072	0.144	0.072	30	30	按m³征收	0	0	0
全省合计					1120894						60861	59961		26301	12949	13352

附表 5　江苏省中型灌区已实施节水配套改造情况表

灌区类型	序号	灌区名称	改造年份	已累计完成投资（万元）				累计完成改造内容												效益			
				合计	中央财政投资	地方财政投资	其他资金	渠首工程（处）		灌溉渠道（km）			排水沟（km）		渠沟道建筑物（座）		计量设施（处）	是否试点灌区管理信息化	恢复灌溉面积（万亩）	新增灌溉面积（万亩）	改善灌溉面积（万亩）	年新增节水能力（万 m³）	年增粮食生产能力（万 kg）
								改造	新建	改造	其中灌溉管道		新建	改造	新建	改造							
											新建	改造											
1	2	3	4	5	6	7	8	9	10	11	12	13	14	15	16	17	18	19	20	21	22	23	24	25
		南京市		77082	29449	43995	3638	122	170	156	193	7	77	35	86	1123	1468	125		6	3	26	1701	1282
重点中型灌区	1	横溪河—赵村水库灌区	2010	2430	940	1490	0		2	0	9	0	2	0	7	0	30	0	否	0.02	0.01	0.03	142	135
	2	江宁河灌区	2016	2189	1000	1189	0		0	0	11	2	11	0	0	0	58	37	否	0.65	0.65	5.20	124	45
	3	汤水河灌区	2014	4700	940	3760	0	5	0	39	0	0	0	4	0	466	0	0	否	1.10	0.20	0.80	380	215
	4	周岗圩灌区	未改造	0	0	0	0	10	0	0	0	0	0	0	0	0	0	0	否	0.00	0.00	0.00	0	0
	5	三岔灌区	2019	3327	2136	1191	0	1	0	0	11	0	11	0	12	0	10	4	否	0.40	0.20	1.00	151	136
	6	侯家坝灌区	2020	3000	2100	900	0	0	0	0	0	0	0	0	0	0	0	0	否	0.00	0.00	0.00	0	0
	7	溧湖灌区	2014	2413	913	1500	0	1	21	0	8	0	0	0	0	2	0	0	否	1.35	0.00	0.00	140	96
	8	石白湖灌区	未改造	0	0	0	0	0	0	0	0	0	0	0	0	0	0	0	否	0.00	0.00	0.00	0	0
	9	永丰圩灌区	未改造	0	0	0	0	0	0	0	41	0	1	0	45	0	277	0	否	0.50	0.20	2.20	160	140
	10	新禹河灌区	2019	15488	10842	4646	0	54	40	72	18	0	0	8	3	190	323	25	否	0.90	0.90	7.30	68	68
	11	金牛湖灌区	2019	6065	4246	0	1820	9	0	0	0	0	0	0	10	375	688	59	否	1.00	0.87	2.90	280	240
	12	山湖灌区	2019	6639	2846	3793	0	0	101	0	85	0	6	0	0	0	0	0	否	0.00	0.00	0.00	0	0
一般中型灌区	13	东阳万安圩灌区	未改造	0	0	0	0	25	0	0	0	0	0	0	0	0	0	0	否	0.00	0.00	0.00	0	0
	14	五圩灌区	未改造	0	0	0	0	0	0	0	0	0	0	0	0	0	0	0	否	0.00	0.00	0.00	0	0
	15	下坝灌区	2012	500	0	0	500	0	4	0	3	0	0	0	0	0	0	0	否	0.00	0.00	0.70	25	15
	16	星辉洪幕灌区	未改造	0	0	0	0	0	0	0	0	0	0	0	0	0	0	0	否	0.00	0.00	0.00	0	0
	17	三合圩灌区	2014	7276	0	7276	0	0	0	35	0	0	0	23	0	22	0	0	否	0.00	0.28	2.51	20	18
	18	石桥灌区	未改造	0	0	0	0	0	0	0	0	0	0	0	0	0	0	0	否	0.00	0.00	0.00	0	0
	19	北城圩灌区	2016	500	0	500	0	0	0	7	0	0	0	0	0	0	6	0	否	0.00	0.00	0.00	0	0
	20	草场圩灌区	未改造	0	0	0	0	0	0	0	0	0	0	0	0	0	0	0	否	0.00	0.00	0.00	0	0
	21	浦口沿江灌区	未改造	0	0	0	0	0	0	0	0	0	0	0	0	0	0	0	否	0.00	0.00	0.00	0	0

续表

灌区类型		灌区名称	改造年份	已累计完成投资（万元）				累计完成改造内容												效益			
								渠首工程（处）		灌溉渠道（km）				排水沟（km）		渠沟道建筑物（座）		计量设施（处）	是否试点灌区管理信息化	恢复灌溉面积（万亩）	新增灌溉面积（万亩）	改善灌溉面积（万亩）	年新增节水能力（万m³）	年增粮食生产能力（万kg）
				合计	中央财政投资	地方财政投资	其他资金	改建	改造	新建	改造	其中灌溉管道		新建	改造	新建	改造							
												新建	改造											
1	2	3	4	5	6	7	8	9	10	11	12	13	14	15	16	17	18	19	20	21	22	23	24	25
一般中型灌区	22	浦口沿滁灌区	未改造	0	0	0	0	0	0	0	0	0	0	0	0	0	0	0	否	0.00	0.00	0.00	0	0
	23	方便灌区	2020	3000	2100	900	0	0	0	0	0	0	0	0	0	0	0	0	否	0.00	0.00	0.00	0	0
	24	卧龙水库灌区	未改造	0	0	0	0	0	0	0	0	0	0	0	0	0	0	0	否	0.00	0.00	0.00	0	0
	25	无想寺灌区	2012	400	0	400	0	1	0	0	0	0	0	0	0	0	0	0	否	0.00	0.00	0.00	0	0
	26	毛公铺灌区	未改造	0	0	0	0	0	0	0	0	0	0	0	0	0	0	0	否	0.00	0.00	0.00	0	0
	27	明觉环山河灌区	未改造	0	0	0	0	0	0	0	0	0	0	0	0	0	0	0	否	0.00	0.00	0.00	0	0
	28	猪山头水库灌区	未改造	0	0	0	0	0	0	0	0	0	0	0	0	0	0	0	否	0.00	0.00	0.20	0	0
	29	新桥河灌区	未改造	0	0	0	0	0	0	0	0	0	0	0	0	0	0	0	否	0.00	0.00	0.00	0	0
	30	长城圩灌区	2011	850	0	0	850	1	2	0	1	0	0	0	0	0	0	0	否	0.00	0.00	0.00	0	0
	31	玉带圩灌区	未改造	0	0	0	0	0	0	0	0	0	0	0	0	0	0	0	否	0.00	0.00	0.00	0	0
	32	延佑汊城灌区	未改造	0	0	0	0	3	0	0	0	0	0	0	0	0	0	0	否	0.00	0.00	0.00	0	0
	33	相国圩灌区	未改造	0	0	0	0	0	0	0	0	0	0	0	0	0	0	0	否	0.00	0.00	0.00	0	0
	34	永胜圩灌区	2017	9500	450	9050	0	0	0	0	0	0	57.6	0	0	68.3	38	0	否	0.00	0.00	1.20	15	10
	35	胜利圩灌区	未改造	0	0	0	0	0	0	0	0	0	0	0	0	0	0	0	否	0.00	0.00	0.00	0	0
	36	保胜圩灌区	未改造	0	0	0	0	0	0	0	0	0	0	0	0	0	0	0	否	0.00	0.00	0.00	0	0
	37	龙袍圩灌区	2015—2019	4685	937	3280	469	4	3	2	2	0	0	0	7	0	38	0	否	0.00	0.00	1.20	126	105
	38	新集灌区	2015—2019	4120	0	4120	0	7	0	0	5	0	0	0	1	0	0	0	否	0.03	0.05	0.70	71	59
无锡市																								
一般中型灌区	39	溪北圩灌区	未改造	0	0	0	0	0	0	0	0	0	0	0	0	0	0	0	否	0.00	0.00	0.00	0	0
徐州市				122349	55218	65594	1537	3	3	557	969	59	0	37	175	1208	586	601		25	13	122	9815	6358
重点中型灌区	40	复新河灌区	2017	2350	1000	1350	0	0	0	6	2	0	0	37	0	2	10	8	是	0.80	0.50	7.25	344	129
	41	四联河灌区	2018	2349	1000	1349	0	0	0	25	1	0	0	0	17	18	7	10	是	1.67	0.55	10.51	129	100

续表

灌区类型				已累计完成投资(万元)				累计完成改造内容												效益			
灌区类型	序号	灌区名称	改造年份	合计	中央财政投资	地方财政投资	其他资金	渠首工程(处)		灌溉渠道(km)				排水沟(km)		渠沟道建筑物(座)		计量设施(处)	是否试点灌区管理信息化	恢复灌溉面积(万亩)	新增灌溉面积(万亩)	改善灌溉面积(万亩)	年新增节水能力(万m³)	年增粮食生产能力(万kg)
								改建	新建	改造	其中灌溉管道		新建	改造	新建	改造							
											新建	改造											
1	2	3	4	5	6	7	8	9	10	11	12	13	14	15	16	17	18	19	20	21	22	23	24	25
重点中型灌区	42	苗城灌区	2004	2336	750	1586	0	0	1	13	0	0	0	0	20	0	8	1	是	2.10	8.50	3.50	490	500
	43	大沙河灌区	2013	2410	1000	1410	0	3	0	0	17	13	0	0	17	0	5	5	否	7.20	1.50	13.00	200	783
	44	郑集南支河灌区	未改造	0	0	0	0	0	0	0	0	0	0	0	0	0	0	0	否	0.00	0.00	0.00	0	0
	45	灌婴灌区	2017	2200	1100	1100	0	0	0	302	7	0	0	0	0	35	0	4	否	0.92	0.00	2.70	284	126
	46	侯阁灌区	2019	2100	1800	300	0	0	0	0	14	0	0	0	0	4	10	6	否	0.83	0.00	0.75	254	419
	47	邹庄灌区	2015	2206	1000	1206	0	0	0	16	0	0	0	0	19	78	7	15	否	0.00	0.00	4.12	600	238
	48	上级湖灌区	未改造	0	0	0	0	0	0	0	0	0	0	0	0	0	0	0	否	0.00	0.00	0.00	0	0
	49	胡寨灌区	未改造	0	0	0	0	0	0	0	0	0	0	0	0	0	0	0	否	0.00	0.00	0.00	0	0
	50	苗洼灌区	未改造	0	0	0	0	0	0	0	0	0	0	0	0	0	0	0	否	0.00	0.00	0.00	0	0
	51	沛城灌区	未改造	0	0	0	0	0	0	0	0	0	0	0	0	0	0	0	否	0.00	0.00	0.00	0	0
	52	五段灌区	未改造	0	0	0	0	0	0	0	0	0	0	0	0	0	0	0	否	0.00	0.00	0.00	0	0
	53	陈楼灌区	未改造	0	0	0	0	0	0	0	0	0	0	0	0	0	0	0	否	0.00	0.00	0.00	0	0
	54	王山站灌区	2008—2018	15971	8249	7722	0	0	0	0	301	0	0	0	1	156	93	79	否	2.60	0.00	20.32	1500	1016
	55	运南灌区	2008—2018	1448	580	868	0	0	0	0	19	0	0	0	0	34	26	2	否	0.00	0.00	1.00	200	50
	56	郑集河灌区	2008—2018	7646	4558	3088	0	0	0	0	217	0	0	0	0	85	32	100	否	0.00	0.00	5.20	1040	260
	57	房亭河灌区	2008—2018	8010	4266	3744	0	0	0	0	136	0	0	0	0	189	35	45	否	0.00	0.00	3.35	670	168
	58	马坡灌区	2008—2018	500	200	300	0	0	0	0	4	0	0	0	0	0	15	0	否	0.00	0.00	0.20	40	10
	59	丁万河灌区	2008—2018	2400	1560	840	0	0	0	0	54	12	0	0	0	9	13	9	否	0.00	0.00	1.54	308	77
	60	湖东滨湖灌区	2008—2018	4138	1654	2484	0	0	0	0	80	0	0	0	0	56	0	56	否	0.00	0.00	1.45	290	73
	61	大运河灌区	2008—2018	1046	418	628	0	0	0	0	17	0	0	0	0	9	13	9	否	0.00	0.00	0.65	130	33
	62	奎河灌区	2008—2018	1783	713	1070	0	0	0	0	34	0	0	0	0	10	76	2	否	0.00	0.00	1.50	300	75
	63	高集灌区	未改造	0	0	0	0	0	0	0	0	0	0	0	0	0	0	0	否	0.00	0.00	0.00	0	0
	64	黄河灌区	未改造	0	0	0	0	0	0	0	0	0	0	0	0	0	0	0	否	0.00	0.00	0.00	0	0

续表

灌区类型		序号	灌区名称	改造年份	已累计完成投资（万元）					累计完成改造内容												效益			
					合计	中央财政投资	地方财政投资	其他资金	渠首工程（处）		灌溉渠道（km）				排水沟（km）		渠沟道建筑物（座）		计量设施（处）	是否试点灌区管理信息化	恢复灌溉面积（万亩）	新增灌溉面积（万亩）	改善灌溉面积（万亩）	年新增节水能力（万m³）	年增粮食生产能力（万kg）
									改建	新建	改造	新建	其中灌溉管道		新建	改造	新建	改造							
												改造													
1	2		3	4	5	6	7	8	9	10	11	12	13	14	15	16	17	18	19	20	21	22	23	24	25
重点中型灌区		65	关庙灌区	未改造	0	0	0	0	0	0	0	0	0	0	0	0	0	0	0	否	0.00	0.00	0.00	0	0
		66	庆安灌区	2014	2413	1000	1413	0	0	0	0	3	0	0	0	0	0	85	0	否	3.28	1.80	1.58	0	0
		67	沙集灌区	未改造	0	0	0	0	0	0	0	0	0	0	0	0	0	0	0	否	0.00	0.00	0.00	0	0
		68	岔河灌区	2015—2016	2126	1000	1126	0	0	1	0	11	0	0	0	0	0	15	49	否	3.70	0.00	7.30	280	273
		69	银杏湖灌区	未改造	0	0	0	0	0	0	0	0	0	0	0	0	0	0	0	否	0.30	0.00	0.00	0	0
		70	邳城灌区	2019	2120	1800	320	0	0	1	0	20	0	0	0	6	0	20	10	是	0.30	0.00	2.97	514	200
		71	民便河灌区	2019	35747	14000	21747	0	0	0	0	26	0	0	0	8	0	22	0	否	0.00	0.00	5.11	400	506
		72	沂运灌区	未改造	0	0	0	0	0	0	0	0	0	0	0	0	0	0	0	否	0.00	0.00	0.00	0	0
		73	高阿灌区	2014	2401	1000	1401	0	0	0	5	1	0	0	0	9	80	23	187	否	1.00	0.00	4.25	278	124
		74	棋新灌区	2016	2200	1000	1200	0	0	0	3	0	0	0	0	7	13	18	4	否	0.00	0.00	5.20	113	102
		75	沂冰灌区	未改造	0	0	0	0	0	0	0	0	0	0	0	0	0	0	0	否	0.00	0.00	0.00	0	0
		76	不牢河灌区	2008—2018	11541	3770	6234	1537	0	0	148	6	24	0	0	26	196	34	0	否	0.00	0.00	17.38	1183	998
		77	东风河灌区	2015—2018	949	300	649	0	0	0	0	0	5	0	0	6	45	0	1	否	0.00	0.00	0.25	50	19
		78	子姚河灌区	2014—2017	1411	500	911	0	0	0	7	0	5	0	0	9	64	0	0	否	0.00	0.00	0.79	158	59
		79	河东灌区	未改造	0	0	0	0	0	0	0	0	0	0	0	0	0	0	0	否	0.00	0.00	0.00	0	0
一般中型灌区		80	合沟灌区	未改造	0	0	0	0	0	0	0	0	0	0	0	0	0	0	0	否	0.00	0.00	0.00	0	0
		81	运南灌区	2015	1319	500	819	0	0	0	32	0	0	0	0	25	68	17	0	否	0.15	0.00	0.15	30	11
		82	二八河灌区	2014	1229	500	729	0	0	0	0	12	0	0	0	7	57	1	0	否	0.15	0.00	0.15	30	11
常州市					2350	529	0	1821	0	0	0	0	0	0	0	0	0	0	0		0	0.00	0.00	0	0
重点中型灌区		83	大溪水库灌区	2014—2015	150	0	0	150	0	0	0	0	0	0	0	0	0	0	0	否	0.00	0.00	0.00	0	0
		84	沙河水库灌区	2010	2200	529	0	1671	0	0	0	12	0	0	0	0	0	0	0	否	0.00	0.00	0.30	0	0

续表

灌区类型				改造年份	已累计完成投资（万元）				累计完成改造内容												效益				
灌区类型	序号	灌区名称			合计	中央财政投资	地方财政投资	其他资金	渠首工程（处）		灌溉渠道（km）				排水沟（km）		渠沟道建筑物（座）		计量设施（处）	是否试点灌区管理信息化	恢复灌溉面积（万亩）	新增灌溉面积（万亩）	改善灌溉面积（万亩）	年新增节水能力（万m³）	年增粮食生产能力（万kg）
									改造	改建	新建	改造	其中灌溉管道		新建	改造	新建	改造							
													新建	改造											
1	2	3		4	5	6	7	8	9	10	11	12	13	14	15	16	17	18	19	20	21	22	23	24	25
		南通市			300788	110230	178610	11949	270	56	6795	1444	690	33	193	2986	66816	2211	3238		14	1	104	9854	5216
重点中型灌区	85	通扬灌区		2011—2018	19847	7250	12597	0	0	0	561	0	66	0	2	0	799	0	42	否	0.00	0.00	19.90	1200	556
	86	焦港灌区		2009—2018	11165	4060	7105	0	0	0	240	0	53	0	6	18	540	9	33	否	0.00	0.00	11.16	1000	312
	87	如皋港灌区		2016—2017	3750	3000	750	0	0	0	21	0	0	0	0	0	772	0	14	否	1.21	0.00	3.75	300	150
	88	红星灌区		2004—2018	5300	3864	1436	0	1	0	273	31	0	0	1	0	179	210	10	否	0.87	0.60	4.42	289	84
	89	新通扬灌区		1998—2020	50179	16722	33443	14	0	0	794	34	31	2	181	337	125	874	285	否	0.61	0.26	11.23	2360	297
	90	丁堡灌区		1998—2020	9578	5400	4178	0	0	0	0	329	0	14	0	10	281	42	14	否	0.00	0.21	3.25	399	115
	91	江海灌区		2007—2019	11815	3840	6794	1182	13	16	696	354	38	8	0	175	629	595	320	否	0.86	0.00	1.45	494	116
	92	九洋灌区		1998—2018	10630	3455	6112	1063	0	0	663	312	21	0	0	190	671	103	329	否	1.24	0.00	5.14	601	480
	93	马丰灌区		2000—2018	11243	3654	6465	1124	0	0	180	283	75	1	0	134	158	240	248	否	0.35	0.00	1.65	361	231
	94	如环灌区		2005—2018	11243	3654	6465	1124	44	0	144	33	61	8	3	1670	252	82	170	否	1.14	0.00	0.61	295	77
	95	新建河灌区		2016—2019	6800	5440	1360	0	49	16	33	0	2	0	0	0	2355	0	0	否	2.36	0.00	1.25	40	63
	96	掘苴灌区		2015—2020	3137	1918	1220	0	13	0	82	0	28	0	0	0	642	0	1	否	1.16	0.00	3.96	60	130
	97	九遥河灌区		2017—2018	19908	7998	11910	0	25	0	177	0	75	0	0	0	2703	0	36	否	1.35	0.00	1.87	240	103
	98	九圩港灌区		2010—2020	43583	15637	27106	840	26	0	1112	0	50	0	0	81	24503	0	898	是	1.12	0.00	8.34	436	775
	99	余丰灌区		2009—2020	45658	13453	30362	1843	49	17	937	0	41	0	0	196	391	6	308	否	0.98	0.00	5.13	621	500
	100	团结灌区		2009—2020	22409	7077	10573	4759	26	0	777	12	66	0	0	23	31251	50	383	否	0.22	0.00	6.23	816	577
	101	合南灌区		2016—2020	1692	890	802	0	5	0	43	33	43	0	0	0	407	0	42	否	0.12	0.14	5.54	100	155
重点中型灌区	102	三条港灌区		2019	1186	1186	0	0	0	0	23	0	23	0	0	0	19	0	19	否	0.15	0.06	3.39	47	81
中型灌区	103	通兴灌区		2016	2908	0	2908	0	0	0	0	0	3	0	0	0	0	0	9	否	0.00	0.10	3.47	52	69
	104	悦来灌区		未改造	0	0	0	0	0	0	0	0	0	0	0	0	0	0	0	否	0.00	0.00	0.00	0	0
	105	常乐灌区		2007—2020	2581	620	1961	0	26	0	30	22	8	0	0	0	128	0	26	否	0.00	0.00	0.65	32	77
	106	正余灌区		2005—2020	3665	514	3151	0	33	0	12	0	8	0	0	88	0	0	33	否	0.00	0.00	1.40	70	168

续表

灌区类型		序号	灌区名称	改造年份	已累计完成投资(万元)					累计完成改造内容											效益		
					合计	中央财政投资	地方财政投资	其他资金	渠首工程(处)		灌溉渠道(km)				排水沟(km)		渠沟道建筑物(座)		计量设施(处)	是否试点灌区管理信息化	恢复灌溉面积(万亩)	新增灌溉面积(万亩)	改善灌溉面积(万亩)	年新增节水能力(万m³)	年增粮食生产能力(万kg)
									改造	新建	改造	新建	其中灌溉管道		新建	改造	新建	改造							
													新建	改造											
1		2	3	4	5	6	7	8	9	10	11	12	13	14	15	16	17	18	19	20	21	22	23	24	25
重点中型灌区		107	余东灌区	2014—2020	2431	599	1833	0	22	23	0	0	0	0	0	63	2	0	18	否	0.00	0.00	0.08	40	100
一般中型灌区		108	长青沙灌区	2019	80	0	80	0	0	0	0	0	0	0	0	0	0	0	0	否	0.00	0.00	0.00	0	0
	连云港市				92839	40336	52413	90	184	49	1561	72	83	0	1018	2518	16999	1478	320		42	10	87	6020	11019
重点中型灌区		109	安峰山水库灌区	2019	2100	1800	210	90	12	12	0	0	0	0	0	0	14	4	8	否	0.00	0.80	6.50	200	323
		110	红石渠灌区	2020	3891	0	3891	0	0	1	0	18	0	0	0	0	0	5	0	否	9.10	0.00	1.40	479	200
		111	官沟河灌区	2016—2017	8800	3500	5300	0	10	6	114	20	0	0	23	91	2940	120	11	否	5.00	0.80	3.00	198	1350
		112	叮当河灌区	2014	9800	4000	5800	0	10	8	210	0	15	0	124	621	3264	656	8	否	6.00	0.90	3.50	532	1120
		113	界北灌区	2005—2020	12000	4000	8000	0	12	8	473	17	0	0	426	800	4569	354	23	否	6.00	1.10	4.00	760	1200
		114	界南灌区	2005—2020	11145	5000	6145	0	11	4	290	0	12	0	326	432	2780	171	16	否	5.50	1.00	3.50	280	1400
		115	一条岭灌区	2005—2020	13800	6000	7800	0	15	3	198	7	23	0	102	300	2510	168	17	否	7.00	0.80	5.50	598	1080
		116	柴沂灌区	2019—2020	3020	1500	1520	0	8	0	0	0	0	0	0	23	46	0	5	否	0.00	0.00	3.72	86	300
		117	柴塘灌区	2019—2020	3021	1700	1321	0	21	0	1	1	0	0	0	5	9	0	2	否	0.00	0.00	4.54	120	280
		118	泷中灌区	2007—2008	9965	6630	3335	0	15	0	108	0	0	0	0	15	313	0	0	否	1.40	1.80	19.50	1600	1295
		119	灌北灌区	2015—2016	2247	1000	1247	0	17	0	7	0	0	0	0	8	92	0	0	否	0.28	0.30	10.00	190	611
		120	淮涟灌区	2015	2392	1000	1392	0	12	0	18	0	0	0	0	9	87	0	0	否	0.00	1.20	8.46	492	1249
		121	沂南灌区	2018—2019	2211	1000	1211	0	8	0	15	0	13	0	0	0	44	0	70	否	0.25	0.30	6.25	110	323
		122	古城翻水站灌区	2017	2207	1000	1207	0	17	17	0	0	20	0	0	0	0	0	13	否	0.00	0.80	5.00	240	143
一般中型灌区		123	昌黎水库灌区	未改造	0	0	0	0	0	0	0	0	0	0	0	0	0	0	0	否	0.00	0.00	0.00	0	0
		124	羽山水库灌区	未改造	0	0	0	0	0	0	0	0	0	0	0	0	0	0	0	否	0.00	0.00	0.00	0	0
		125	贺庄水库灌区	未改造	0	0	0	0	0	0	0	0	0	0	0	0	0	0	0	否	0.00	0.00	0.00	0	0
		126	横沟水库灌区	未改造	0	0	0	0	0	0	0	0	0	0	0	0	0	0	0	否	0.00	0.00	0.00	0	0
		127	房山水库灌区	未改造	0	0	0	0	0	0	0	0	0	0	0	0	0	0	0	否	0.00	0.00	0.00	0	0

续表

灌区类型		序号	灌区名称	改造年份	已累计完成投资(万元)				累计完成改造内容											效益			
					合计	中央财政投资	地方财政投资	其他资金	渠首工程(处)			灌溉渠道(km)			其中灌溉管道		排水沟(km)		渠沟道建筑物(座)		计量设施(处)	是否试点灌区管理信息化	恢复灌溉面积(万亩)	新增灌溉面积(万亩)	改善灌溉面积(万亩)	年新增节水能力(万m³)	年增粮食生产能力(万kg)
									改建	改造	新建	改造	新建	改造	新建	改造	新建	改造						
灌区类型																								
1		2	3	4	5	6	7	8	9	10	11	12	13	14	15	16	17	18	19	20	21	22	23	24	25
一般中型灌区		128	大石峰水库灌区	未改造	0	0	0	0	0	0	0	0	0		0	0	0	0	0	否	0.00	0.00	0.00	0	0
		129	陈枝水库灌区	未改造	0	0	0	0	0	0	0	0	0		0	0	0	0	0	否	0.00	0.00	0.00	0	0
		130	芦窠水库灌区	未改造	0	0	0	0	0	0	0	0	0		0	0	0	0	0	否	0.00	0.00	0.00	0	0
		131	灌西盐场灌区	2016	2200	1000	1200	0	6	2	22	0	0		27	0	321	0	0	否	1.00	0.20	0.80	60	60
		132	连西灌区	未改造	0	0	0	0	0	0	0	0	0		0	0	0	0	0	否	0.00	0.00	0.00	0	0
		133	阚岭翻水站灌区	2015—2018	2000	286	1714	0	1	0	0	0	0		0	0	0	0	0	否	0.00	0.00	0.00	0	1
		134	八条路水库灌区	未改造	60	0	60	0	0	0	0	0	0		0	0	0	0	0	否	0.00	0.00	0.00	0	0
		135	王集水库灌区	2014	0	0	0	0	0	0	2	0	0		0	0	10	0	20	否	0.00	0.10	0.20	8	0
		136	红领巾水库灌区	未改造	0	0	0	0	0	0	0	0	0		0	0	0	0	0	否	0.00	0.00	0.00	0	0
		137	横山水库灌区	未改造	0	0	0	0	0	0	0	0	0		0	0	0	0	0	否	0.00	0.00	0.00	0	0
		138	孙庄灌区	2018	680	520	160	0	12	0	58	0	0	否	102	11	0	0	45	否	0.00	0.00	0.60	25	35
		139	刘顶灌区	2010—2012	1300	400	900	0	14	0	45	0	0		85	6	0	0	58	否	0.00	0.00	0.50	42	50
	淮安市				120226	42131	71493	6602	183	25	422	311	121		443	0	4178	5002	302		12	7	88	3997	3485
重点中型灌区		140	运西灌区	2013	2432	1000	1432	0	22	0	0	12	0		0	0	3	15	0	否	0.00	0.00	4.07	365	283
		141	淮南圩灌区	2010—2018	39959	9778	24271	5910	75	3	122	44	44		0	0	510	1637	39	否	0.15	0.50	12.00	60	374
		142	利农河灌区	2010—2018	16281	5553	10035	692	75	1	18	65	11		95	0	175	491	46	否	0.00	1.40	6.20	124	262
		143	官塘灌区	2006—2018	8690	2360	6330	0	3	3	47	20	5		0	0	171	767	9	否	0.50	1.20	1.50	30	145
		144	连中灌区	2011—2017	15150	7350	7800	0	16	1	115	115	13		153	0	412	1608	4	是	0.50	1.50	17.50	1500	1250
		145	顺河洞灌区	2016	2214	1000	1214	0	15	0	0	16	0		11	0	12	0	0	否	0.50	0.00	7.94	284	111
		146	蛇家坝灌区	2019	2100	1800	300	0	5	0	0	12	0		0	0	6	2	0	否	0.50	0.00	2.40	89	38
		147	东灌区	2004—2018	4400	2000	2400	0	3	3	0	20	0		0	0	1	66	149	是	0.70	0.30	13.80	695	325
		148	官滩灌区	未改造	0	0	0	0	0	0	0	0	0		0	0	0	10	0	否	0.00	0.00	0.00	0	0
		149	桥口灌区	2017	2200	1000	1200	0	2	0	0	0	0		0	0	0	0	2	是	0.50	0.00	7.90	51	80

续表

灌区类型		序号	灌区名称	改造年份	已累计完成投资(万元)				累计完成改造内容												效益			
					合计	中央财政投资	地方财政投资	其他资金	渠首工程(处)			灌溉渠道(km)				排水沟(km)		渠沟道建筑物(座)		计量设施(处)	是否试点灌区管理信息化	恢复灌溉面积(万亩)	新增灌溉面积(万亩)	改善灌溉面积(万亩)	年新增节水能力(万m³)	年增粮食生产能力(万kg)
									改建	新建	改造	新建	改造	其中灌溉管道		新建	改造	新建	改造							
1		2	3	4	5	6	7	8	9	10	11	12	13	14		15	16	17	18	19	20	21	22	23	24	25
重点中型灌区		150	姚庄灌区	2019	3000	1700	1300	0	1	0	0	8	0	0		0	0	0	38	2	是	2.10	0.00	3.72	24	25
		151	河桥灌区	2019	3000	1700	1300	0	0	1	0	13	0	0		0	0	13	59	4	是	2.54	0.00	2.86	54	107
		152	三墩灌区	未改造	0	0	0	0	0	0	0	0	0	0		0	0	0	0	0	否	0.00	0.00	0.00	161	197
		153	临湖灌区	2011—2018	10000	3800	6200	0	42	0	144	1	34	0		0	97	2782	61	47	否	3.63	1.73	4.26	0	0
一般中型灌区		154	振兴圩灌区	2000—2017	5300	1500	3800	0	5	5	30	0	0	0		0	0	0	48	0	否	0.05	0.20	1.80	498	150
		155	洪湖圩灌区	2006—2018	3300	990	2310	0	2	3	53	19	13	0		0	72	65	135	0	否	0.00	0.03	1.01	36	69
		156	郑家圩灌区	2006—2018	2200	600	1600	0	5	0	8	10	0	0		0	15	28	65	0	否	0.00	0.08	1.20	20	50
																									32	47
盐城市					116509	67285	49224	0	230	93	455	387	130	26		33	448	4115	38939	1084		16	27	80	7802	5887
重点中型灌区		157	六套干渠灌区	2018	2200	1000	1200	0	1	0	19	0	0	0		0	0	208	0	11	否	0.00	0.70	2.50	600	105
		158	淮北干渠灌区	2017	2200	1000	1200	0	2	0	14	0	4	0		0	0	219	0	14	否	0.00	0.70	2.50	280	100
		159	黄响河灌区	2015	2200	1000	1200	0	1	0	16	19	0	0		0	0	197	0	49	否	0.00	0.60	2.30	460	90
		160	大寨河灌区	2020	2898	1600	1298	0	0	0	0	0	0	0		0	0	2	0	0	否	0.00	0.50	1.00	200	75
		161	双南干渠灌区	2012	2200	1000	1200	0	3	0	14	0	0	0		0	0	178	0	24	否	0.00	0.80	3.00	690	130
		162	南干渠灌区	2008	2200	1000	1200	0	1	0	13	0	0	0		0	0	165	0	18	否	0.00	0.50	1.80	420	80
		163	陈涛灌区	2010	2399	930	1469	0	0	0	9	0	0	0		0	16	190	0	383	否	0.00	1.90	7.08	262	143
		164	南干灌区	2019	2100	1800	300	0	0	0	4	0	0	0		0	3	692	0	402	否	0.00	1.30	2.38	240	239
		165	张弓灌区	2013	2198	1000	1198	0	0	0	15	0	0	0		0	5	395	0	2	否	1.60	0.00	7.00	350	106
		166	渠北灌区	2014	2200	1000	1200	0	4	3	0	16	0	0		0	0	107	0	0	否	0.00	0.30	5.32	300	226
一般中型灌区		167	沟墩灌区	未改造	0	0	0	0	0	0	0	0	0	0		0	0	0	0	0	否	0.00	0.00	0.00	0	0
		168	陈良灌区	未改造	0	0	0	0	0	0	0	0	0	0		0	0	0	0	0	否	0.00	0.00	0.00	0	0
		169	吴滩灌区	未改造	0	0	0	0	0	0	0	0	0	0		0	0	0	0	0	否	0.00	0.00	0.00	0	0
		170	川南灌区	2018	2200	1000	1200	0	1	0	49	0	40	0		0	0	188	0	16	否	0.00	1.07	0.75	105	405
		171	斗西灌区	2016—2018	2771	2471	300	0	0	0	16	0	16	0		0	0	36	4	0	否	0.00	0.80	1.20	100	120

185

续表

灌区类型	序号	灌区名称	改造年份	已累计完成投资（万元）					累计完成改造内容													效益			
				合计	中央财政投资	地方财政投资	其他资金	渠首工程（处）			灌溉渠道（km）				排水沟（km）		渠沟道建筑物（座）		计量设施（处）	是否试点灌区管理信息化	恢复灌溉面积（万亩）	新增灌溉面积（万亩）	改善灌溉面积（万亩）	年新增节水能力（万m³）	年增粮食生产能力（万kg）
								改建	改造	新建	改造	其中灌溉管道 新建	其中灌溉管道 改造	新建	改造	新建	改造								
1	2	3	4	5	6	7	8	9	10	11	12	13	14	15	16	17	18	19	20	21	22	23	24	25
重点中型灌区	172	斗北灌区	2011—2019	22500	14200	8300	0	11	0	92	0	45	0	0	122	337	0	33	否	0.00	10.50	0.00	400	765
	173	红旗灌区	未改造	0	0	0	0	0	0	0	0	0	0	0	0	0	0	0	否	0.00	0.00	0.00	0	0
	174	陈洋灌区	2007	1500	0	1500	0	50	0	40	0	0	0	0	0	20	0	0	否	0.00	0.00	0.80	85	140
	175	桥西灌区	2007	1248	624	624	0	2	0	15	0	0	0	0	0	46	0	0	否	0.00	0.00	0.80	24	36
	176	东南灌区	2018	4500	3600	900	0	0	0	0	0	0	0	19	0	28	6	28	否	2.00	1.00	3.00	220	200
	177	龙冈灌区	2016	3167	1000	2167	0	3	65	0	4	0	0	0	0	124	0	16	0	否	1.50	0.50	2.00	220	200
	178	红九灌区	2015	7858	2700	5158	0	2	0	0	125	0	0	0	0	0	16	0	0	否	3.00	1.00	4.00	435	595
	179	大纵湖灌区	2018	5520	2160	3360	0	6	0	0	37	0	0	0	0	10	0	0	否	2.00	0.60	3.00	296	405
	180	学富灌区	2017	5730	2470	3260	0	6	0	0	65	0	0	0	0	11	0	6	否	2.00	0.36	3.00	260	355
	181	盐东灌区	2018	9500	4750	4750	0	38	8	6	57	0	14	0	0	0	20562	0	否	0.45	0.33	6.10	386	97
	182	黄尖灌区	2018	8600	8600	0	0	65	0	0	83	0	12	0	0	0	18265	0	否	0.00	0.00	5.50	402	101
	183	上冈灌区	2017—2018	4071	1950	2121	0	7	0	0	0	4	0	0	0	130	26	0	6	否	1.50	0.80	2.60	240	210
	184	宝塔灌区	2017	700	280	420	0	5	0	0	0	0	0	0	0	0	0	0	0	否	0.50	0.20	1.60	120	130
	185	高作灌区	2016	600	240	360	0	6	0	0	0	5	0	0	0	0	10	0	0	否	0.50	0.30	1.40	110	120
	186	庆丰灌区	2018	1500	1200	300	0	6	0	0	0	0	0	0	0	0	6	0	0	否	0.60	0.00	1.60	180	200
	187	盐建灌区	2016—2017	2100	1440	660	0	15	0	0	0	4	0	0	0	0	6	0	0	否	0.80	0.50	1.80	210	200
一般中型灌区	188	花元灌区	2018	100	0	100	0	0	2	0	1	0	0	0	0	0	0	0	否	0.00	0.00	0.20	6	10
	189	川彭灌区	2015	150	0	150	0	0	4	0	0	0	0	0	0	0	0	0	0	否	0.00	0.00	0.30	10	20
	190	安东灌区	未改造	0	0	0	0	0	0	0	0	0	0	0	0	0	0	0	0	否	0.00	0.00	0.00	0	0
	191	跃中灌区	未改造	0	0	0	0	0	0	0	0	0	0	0	0	0	0	54	2	否	0.00	0.00	0.00	0	0
	192	东厦灌区	2013	98	0	98	0	2	0	1	0	0	0	0	0	22	32	0	9	否	0.00	0.00	0.10	9	47
	193	王开灌区	2012	1891	0	1891	0	2	11	37	0	0	0	14	0	0	682	0	6	否	0.00	0.44	1.00	103	80
	194	安石灌区	2017	140	0	140	0	3	0	3	0	0	0	0	0	26	28	6	否	0.00	0.06	0.10	8	88

续表

灌区类型				已累计完成投资（万元）				累计完成改造内容									效益				
灌区类型	序号	灌区名称	改造年份	合计	中央财政投资	地方财政投资	其他资金	渠首工程（处）		灌溉渠道（km）		其中灌溉管道		排水沟（km）		渠沟道建筑物（座）		计量设施（处）	是否试点灌区管理信息化	恢复灌溉面积（万亩）	新增灌溉面积（万亩）	改善灌溉面积（万亩）	年新增节水能力（万m³）	年增粮食生产能力（万kg）
								改建	新建	改建	新建	改建	新建	改建	新建	改建							
1	2	3	4	5	6	7	8	9	10	11	12	13	14	15	16	17	18	19	20	21	22	23	24	25
重点中型灌区	195	三圩灌区	2011—2014 2016—2017	7270	7270	0	0	0	0	93	0	12	0	0	0	306	0	81	否	0.00	0.00	4.26	73	70
	196	东里灌区	未改造	0	0	0	0	0	0	0	0	0	0	0	0	0	0	0	否			0.00	0	0
扬州市				91084	34040	42845	14200	267	44	558	27	78	0	22	21	6458	251	1263		5	3	56	5178	4159
	197	永丰灌区	2019	2237	1800	437	0	10	1	8	2	0	0	0	0	8	0	11	否	0.00	0.00	4.50	277	270
	198	庆丰灌区	2017	2278	1000	1278	0	41	0	11	0	0	0	0	0	21	2	6	否	0.00	0.00	1.90	400	418
	199	临城灌区	2015	2259	1000	1259	0	60	3	13	0	0	0	0	0	30	0	10	否	0.00	0.00	4.20	200	454
	200	泾河灌区	2018	2282	1000	1282	0	25	0	10	0	0	0	0	0	15	0	6	否	0.00	0.00	2.30	297	243
	201	宝应河灌区	2012	2442	1000	1442	0	12	0	17	0	0	0	0	4	44	0	0	否	0.41	0.00	6.44	800	272
	202	宝应灌区	未改造	0	0	0	0	0	0	0	0	0	0	0	0	0	0	0	否	0.00	0.00	0.00	0	0
	203	司徒灌区	2017—2019	4500	2400	1050	1050	8	0	11	0	22	0	0	0	0	0	0	否	0.00	0.00	4.20	256	241
	204	汉留灌区	2017—2019	3750	2100	825	825	6	0	13	0	12	0	0	15	0	157	0	否	0.00	0.00	2.70	247	172
	205	三垛灌区	2009—2018	2950	1300	225	1425	6	0	30	0	13	0	0	0	529	0	224	否	0.00	0.00	2.45	490	245
重点中型灌区	206	向阳河灌区	2019	3000	1800	600	600	11	0	5	0	1	0	0	0	76	0	680	否	0.00	0.00	3.70	366	231
	207	红旗河灌区	2016	2213	1000	0	1213	0	0	70	0	5	0	0	0	133	0	34	否	0.00	0.00	5.29	600	321
	208	团结河灌区	未改造	0	0	0	0	0	0	0	0	0	0	0	0	0	0	0	否	0.00	0.00	0.00	0	0
	209	三阳河灌区	未改造	0	0	0	0	0	0	0	0	0	0	0	0	0	0	0	否	0.00	0.00	0.00	0	0
	210	野田河灌区	未改造	0	0	0	0	0	0	0	0	0	0	0	0	0	0	0	否	0.00	0.00	0.00	0	0
	211	向阳河灌区	未改造	0	0	0	0	0	0	0	0	0	0	0	0	0	0	0	否	0.00	0.00	0.00	0	0
	212	塘田灌区	2010	600	500	0	100	0	3	0	0	0	0	0	0	0	0	0	否	0.50	0.30	0.80	200	200
	213	月塘灌区	2014	2142	1830	312	0	4	0	21	2	6	0	0	2	0	0	0	否	0.40	0.11	5.40	182	308
	214	沿江灌区	44001	33320	8065	25255	0	9	0	216	0	8	0	17	0	4116	0	680	是	0.80	0.48	2.15	165	97

续表

灌区类型		序号	灌区名称	改造年份	已累计完成投资（万元）				累计完成改造内容											效益				
									渠首工程（处）		灌溉渠道（km）			排水沟（km）		渠沟道建筑物（座）		计量设施（处）	是否试点灌区管理信息化	恢复灌溉面积（万亩）	新增灌溉面积（万亩）	改善灌溉面积（万亩）	年新增节水能力（万m³）	年增粮食生产能力（万kg）
					合计	中央财政投资	地方财政投资	其他资金	改建	新建	改造	其中灌溉管道		新建	改造	新建	改造							
												新建	改造											
1		2	3	4	5	6	7	8	9	10	11	12	13	14	15	16	17	18	19	20	21	22	23	24	25
一般中型灌区		215	甘泉灌区	2012—2015	1865	400	865	600	13	14	48	0	0	0	0	0	259	0	17	否	0.00	0.00	0.30	24	25
		216	杨寿灌区	2000—2019	730	0	730	0	10	0	25	3	0	0	0	0	0	30	34	否	0.20	0.20	0.50	50	25
		217	沿湖灌区	98~18	15000	2952	5276	6772	19	0	20	7	0	0	0	0	0	45	15	否	0.30	0.30	1.00	30	60
		218	方巷灌区	2013	580	0	513	67	2	11	6	1	0	0	0	0	314	0	13	否	0.00	0.00	0.90	50	80
		219	槐泗灌区	2013—2017	2355	1200	1155	0	2	0	43	0	0	0	0	0	900	0	120	否	0.20	0.00	0.70	45	18
		220	红星灌区	2014	500	400	0	100	3	2	0	6	0	1	0	0	0	0	0	否	0.40	0.30	0.50	45	22
		221	凤岭灌区	2010	1200	1000	0	200	4	0	0	0	0	0	0	0	0	0	0	否	0.30	0.20	0.60	60	30
		222	朱桥灌区	2013	800	700	0	100	0	0	0	1	0	1	0	0	0	0	0	否	0.00	0.00	3.00	60	90
		223	稽山灌区	2018	26	26	0	0	0	0	0	0	0	0	0	0	0	0	0	否	0.00	0.00	0.00	150	36
		224	东风灌区	2018	38	38	0	0	3	0	0	0	0	0	0	0	0	0	75	否	0.13	0.00	0.35	5	0
		225	白羊山灌区	2015	690	630	60	0	18	0	14	14	0	0	0	0	13	5	14	否	0.10	0.10	0.30	8	0
一般中型灌区		226	刘集红光灌区	2014	700	600	0	100	0	0	0	0	0	0	0	0	0	12	0	否	0.05	0.00	0.10	10	100
		227	高营灌区	2017	250	200	0	50	0	2	0	0	0	0	0	0	0	0	0	否	0.30	0.20	0.30	50	160
		228	红旗灌区	2010	300	250	0	50	0	3	0	0	0	0	0	0	0	0	0	否	0.20	0.10	0.10	10	3
		229	秦桥灌区	2015	230	180	0	50	0	2	2	0	0	0	0	0	0	0	0	否	0.20	0.10	0.30	30	20
		230	通新集灌区	2016	190	160	0	30	0	1	0	0	0	0	0	0	0	0	4	否	0.03	0.00	0.30	20	12
		231	烟台山灌区	2012	65	39	0	26	1	0	2	0	0	0	0	0	0	0	0	否	0.00	0.00	0.00	20	10
		232	青山灌区	未改造	0	0	0	0	0	0	0	0	0	0	0	0	0	0	0	否	0.30	0.20	0.50	5	1
		233	十二圩灌区	1999	1593	470	281	842	1	0	2	0	0	5	157	2132	158	310	否	19	3	17	862	0
镇江市					55742	21422	33660	660	4	10	155	172	2	0	2	157	2132	158	310		19	3	17	862	1637
重点中型灌区		234	北山湖灌区	1998—2008	29132	11957	17175	0	1	3	154	45	1	0	0	77	454	85	157	否	5.77	0.19	6.30	230	650
		235	赤山湖灌区	1998—2008	15463	6475	8988	0	0	5	1	106	0	0	0	49	1637	35	100	否	11.09	1.55	5.60	225	680
		236	长山灌区	1998—2008	10227	2620	7187	420	1	1	0	16	0	0	0	30	26	28	41	否	1.84	0.52	4.80	378	280

续表

灌区类型	序号	灌区名称	改造年份	已累计完成投资(万元)				累计完成改造内容													是否试点灌区管理信息化	效益				
^	^	^	^	合计	中央财政投资	地方财政投资	其他资金	渠首工程(处)		灌溉渠道(km)			其中灌溉管道		排水沟(km)		渠沟道建筑物(座)		计量设施(处)	^	恢复灌溉面积(万亩)	新增灌溉面积(万亩)	改善灌溉面积(万亩)	年新增节水能力(万m³)	年增粮食生产能力(万kg)
^	^	^	^	^	^	^	^	改建	改造	新建	改造	新建	改造	新建	改造	新建	改造	^	^	^	^	^	^	^	^
1	2	3	4	5	6	7	8	9	10	11	12	13	14	15	16	17	18	19	20	21	22	23	24	25
一般中型灌区	237	小羊灌区	1998—2008	640	320	160	160	1	1	0	4	0	0	2	1	10	5	9	否	0.35	0.40	0.20	15	12
^	238	后马灌区	1998—2008	280	50	150	80	1	0	0	1	0	0	0	0	5	5	3	否	0.10	0.10	0.20	14	15
泰州市				58516	26221	32014	280	156	0	274	401	15	1	53	101	505	401	469		2	5	61	1761	1673
重点中型灌区	239	孤山灌区	2009	2550	800	1750	0	5	1	0	0	0	0	21	1	0	5	0	否	0.34	1.05	8.97	170	277
^	240	黄桥灌区	2016	2191	1095	1095	0	108	0	41	0	0	0	0	0	1	0	108	否	0.00	0.20	5.20	500	215
^	241	高港灌区	2006—2019	19578	9886	9412	280	0	0	149	319	14	1	18	101	365	396	318	否	0.28	0.06	35.19	36	131
^	242	溱潼灌区	2015	2200	1000	1200	0	43	0	84	0	0	0	15	0	139	0	43	否	1.07	0.00	5.10	596	450
^	243	周山河灌区	未改造	0	0	0	0	0	0	0	0	0	0	0	0	0	0	0	否	0.00	0.00	0.00	0	0
^	244	卤西灌区	未改造	0	0	0	0	0	0	0	0	0	0	0	0	0	0	0	否	0.00	0.00	0.00	0	0
^	245	西部灌区	2009—2020	26880	13440	13440	0	0	0	0	73	0	0	0	0	0	0	0	否	0.00	3.06	5.80	375	500
一般中型灌区	246	西来灌区	2010—2020	5117	0	5117	0	0	0	0	9	0	0	0	0	0	0	0	否	0.00	0.20	1.06	84	100
宿迁市				34923	17332	16020	1571	9	12	185	74	0	0	10	86	859	122	118		4	6	93	1921	2597
重点中型灌区	247	皂河灌区	1998—2011	12634	4950	6113	1571	1	1	142	0	0	0	0	48	321	0	37	是	0.00	4.90	28.80	152	300
^	248	嶂山灌区	2016	2199	1000	1199	0	0	0	0	0	0	0	8	0	383	2	4	否	0.70	0.00	3.17	433	150
^	249	柴沂灌区	2020	3000	1500	1500	0	0	0	27	22	0	0	0	0	1	11	2	否	0.00	0.00	12.15	161	368
^	250	古泊灌区	2020	3000	1500	1500	0	1	0	0	0	0	0	0	3	0	16	12	否	0.00	0.00	15.20	215	358
^	251	淮西灌区	2015	2200	1100	1100	0	0	1	0	6	0	0	0	0	0	14	0	否	0.00	0.34	2.65	52	126
^	252	沙河灌区	2020	3000	1500	1500	0	0	2	0	9	0	0	0	23	0	0	13	否	0.00	0.00	11.30	99	207
^	253	新北灌区	2020	3000	1500	1500	0	1	1	0	7	0	0	0	0	1	0	9	否	0.00	0.00	9.36	128	301
^	254	新华灌区	2019	2100	2010	90	0	0	0	0	5	0	0	0	0	33	0	23	否	0.70	0.00	4.00	421	531
^	255	安东河灌区	未改造	0	0	0	0	0	0	0	0	0	0	0	0	0	0	0	否	0.00	0.00	0.00	0	0

续表

灌区类型		灌区名称	改造年份	已累计完成投资（万元）				累计完成改造内容											效益				
灌区类型	序号			合计	中央财政投资	地方财政投资	其他资金	渠首工程（处）		灌溉渠道（km）				排水沟（km）		渠沟道建筑物（座）		计量设施（处）	是否试点灌区管理信息化	恢复灌溉面积（万亩）	新增灌溉面积（万亩）	改善灌溉面积（万亩）	年新增节水能力（万m³）	年增粮食生产能力（万kg）
								改建	改造	新建	改造	其中灌溉管道		新建	改造	新建	改造							
												新建	改造											
1	2	3	4	5	6	7	8	9	10	11	12	13	14	15	16	17	18	19	20	21	22	23	24	25
重点中型灌区	256	蔡圩灌区	2017	2200	1000	1200	0	0	3	0	15	0	0	0	5	0	25	18	否	2.00	1.00	5.00	100	100
	257	车门灌区	未改造	0	0	0	0	0	0	0	0	0	0	0	0	0	0	0	否	0.00	0.00	0.00	0	0
	258	雪枫灌区	未改造	0	0	0	0	0	0	0	0	0	0	0	0	0	0	0	否	0.00	0.00	0.00	0	0
一般中型灌区	259	红旗灌区	2006—2014	580	464	116	0	3	0	6	0	0	0	1	2	36	0	0	否	0.50	0.10	0.60	100	100
	260	曹庙灌区	2002—2014	1010	808	202	0	3	4	11	10	0	0	2	5	84	20	0	否	0.50	0.10	0.80	60	55
监狱农场				23477	11439	9591	2447	0	2	107	48	0	0	0	146	3948	0	0		0	2	15	1203	898
重点中型灌区	261	大中农场灌区	2012—2019	6524	2731	2553	1240	2	2	22	48	0	0	0	146	420	0	0	否	0.00	0.00	3.60	282	170
	262	五图河农场灌区	2013—2018	4000	1800	1800	400	0	0	18	0	0	0	0	0	940	0	0	否	0.00	1.39	2.50	311	303
	263	东辛农场灌区	未改造	0	0	0	0	0	0	0	0	0	0	0	0	0	0	0	否	0.00	0.00	0.00	0	0
一般中型灌区	264	洪泽湖农场灌区	2006—2020	12953	6908	5238	807	0	0	67	0	0	0	0	0	2588	0	0	否	0.00	0.26	8.50	610	425
全省合计				1095886	455632	595460	44794	1428	464	11223	4109	1184	138	1404	7167	108341	50616	7830		144.89	79.58	749.13	50115	44211

附表 6-1 江苏省中型灌区"十四五"规划建设内容与效益表（2021—2022）

灌区类型	序号	灌区名称	渠首工程(座) 改建	渠首工程(座) 改造	灌溉渠道(km) 新建	灌溉渠道(km) 改造	其中:管道 新建	其中:管道 改造	排水沟(km) 新建	排水沟(km) 改造	渠道建筑物(座) 新建	渠道建筑物(座) 改造	管理设施(处) 新建	管理设施(处) 改造	安全设施(处) 新建	安全设施(处) 改造	计量设施(处) 新建	计量设施(处) 改造	信息化(处) 改造	投资(万元)	恢复灌溉面积(万亩)	新增灌溉面积(万亩)	改善灌溉面积(万亩)	改善排涝面积(万亩)	新增供水能力(万m³)	灌溉周期缩短(d)	年新增节水能力(万kg)	年增粮食生产能力(万kg)
1	2	3	4	5	6	7	8	9	10	11	12	13	14	15	16	17	18	19	20	21	22	23	24	25	26	27	28	29
一般中型灌区	1	石桥灌区	0	2	0	2.8	0	0	0	1.8	3	1	0	0	0	0	0	23	0	1440	0.13	0.00	0.00	0.30	0	1	35	15
	2	龙柏圩灌区	0	0	0	10.9	0	3.5	0	0.0	12	57	0	0	0	0	0	10	1	4170	0.00	0.00	0.56	0.56	0	0	62	309
	3	新集灌区	1	0	0	1.2	0	0	0	8.8	29	1	0	0	0	0	0	14	1	2397	0.50	0.00	0.21	1.30	0	1	113	18
	4	合沟灌区	1	0	0	11.7	0	0	0	0.0	8	9	0	0	0	0	0	0	0	4200	0.00	0.20	0.50	1.00	369	1	24	273
	5	运南灌区	4	0	0	1.5	0	0	0	10.5	5	3	0	0	0	0	0	14	0	3000	0.00	0.00	1.50	0.50	108	1	84	513
	6	昌黎灌区	3	0	0	15.5	0	0	0	2.0	222	42	0	2	0	5	0	20	1	4000	0.12	0.00	2.90	1.30	26	1	68	68
	7	八条路水库灌区	4	0	0	9.2	0	0	0	14.4	37	11	0	2	0	3	0	2	1	2903	0.70	0.50	1.56	1.67	93	2	68	54
	8	洪湖圩灌区	0	0	0	9.5	0	0	0	0.3	3	9	0	0	0	0	0	57	1	2200	0.00	0.00	0.59	2.07	0	1	90	112
	9	跃中灌区	0	2	0	6.4	0	0	0	7.3	25	0	0	1	0	10	0	39	0	2900	0.45	0.25	2.23	2.82	2203	1	79	285
	10	王开灌区	0	0	0	8.3	0	0	0	0.0	8	16	0	1	0	12	0	0	0	1600	0.00	0.33	1.33	0.72	1824	1	65	156
	11	曹苗灌区	4	0	0	9.2	0	0	0	0.0	43	0	0	2	0	0	0	0	0	2600	0.70	0.50	1.40	1.30	1152	1	88	121
	12	红旗灌区	2	0	0	8.3	0	0	0	7.3	24	0	0	0	0	0	0	0	0	2000	0.45	0.35	1.20	1.43	653	1	104	115
		合计	15	2	0	94.4	0	3.5	0	45.1	414	149	0	10	0	30	0	179	11	33410	2.60	1.63	13.98	14.97	6427.8		878	2039
重点中型灌区	13	溦湖灌区	0	0	0	7.3	0	0	0	7.2	6	44	0	0	0	0	0	23	1	9483	0.00	0.00	4.24	0.71	285	1	106	147
	14	苗城灌区	1	0	0	26.0	0	0	0	0.0	5	34	0	0	0	0	0	77	0	17188	5.10	0.00	12.00	12.00	100	2	126	426
	15	大运河灌区	5	0	0	94.4	0	0	0	4.9	73	65	0	0	0	0	0	5	1	11400	2.00	0.00	9.40	8.00	1016	0	288	974
	16	高集灌区	0	0	0	29.1	0	0	0	56.8	18	12	0	0	0	1	0	20	0	15000	2.80	1.80	10.40	12.20	838	2	115	1464
	17	银杏湖灌区	0	0	0	110.5	0	0	0	0.0	21	25	0	0	0	0	0	10	1	14200	2.20	0.00	14.20	14.20	1454	0	268	252
	18	红星灌区	0	0	0	33.1	0	0	0	0.0	3	0	0	0	0	0	0	101	1	8200	0.17	0.00	0.20	1.20	0	0	92	252
	19	沂南灌区	0	0	0	29.1	0	0	0	31.2	590	34	0	2	0	0	0	17	1	8300	0.15	0.00	3.29	5.50	0	2	110	669
	20	利农灌区	0	0	0	48.4	0	0	0	2.5	4	36	0	0	0	0	0	31	1	9600	0.48	0.40	2.32	0.51	0	1	219	367
	21	双南干渠灌区	0	0	0	19.7	0	0	0	3.2	16	22	0	0	0	100	0	0	1	12200	0.00	0.00	1.30	4.30	1057	1	661	296
	22	龙冈灌区	2	0	0	4.5	0	0	0	0.0	9	9	0	0	0	20	0	11	1	6900	0.34	0.00	6.60	6.94	95	0.5	200	186

191

续表

灌区类型	序号	灌区名称	渠首工程(座)改建	渠首工程(座)改造	渠首工程(座)新建	灌溉渠道(km)改造	其中:管道新建	其中:管道改造	排水沟(km)新建	排水沟(km)改造	渠道建筑物(座)新建	渠道建筑物(座)改造	管理设施(处)新建	管理设施(处)改造	安全设施(处)新建	安全设施(处)改造	计量设施(处)新建	计量设施(处)改造	信息化(处)改造	投资(万元)	恢复灌溉面积(万亩)	新增灌溉面积(万亩)	改善灌溉面积(万亩)	改善排涝面积(万亩)	新增供水能力(万m³)	灌溉周期缩短(d)	年新增节水能力(万m³)	年增粮食生产能力(万kg)
1	2	3	4	5	6	7	8	9	10	11	12	13	14	15	16	17	18	19	20	21	22	23	24	25	26	27	28	29
重点中型灌区	23	泾河灌区	0	0	0	33.8	0	0	0	0.0	0	137	0	0	0	0	0	26	0	10000	0.50	0.00	6.30	0.00	0	0	288	860
	24	红旗河灌区	0	0	0	30.5	0	0	0	0.0	28	59	0	0	0	0	0	0	1	18200	0.00	0.00	8.50	3.50	795	0	112	868
	25	孤山灌区	0	0	0	30.1	0	0	0	0.0	0	15	0	0	0	0	0	0	1	8937	0.00	0.00	2.60	8.90	0	0	346	420
	26	高港灌区	0	0	0	34.5	0	0	0	0.0	0	0	0	0	0	0	0	0	0	9800	1.34	0.00	1.54	1.96	72	0	158	100
	27	周山河灌区	0	0	0	50.9	0	0	0	0.0	764	492	0	9	0	120	0	472	1	29000	0.42	2.20	11.10	11.14	505	0	287	637
合计			8	1	0	581.8	0	0	0	105.9	764	492	0	9	0	120	0	793	13	188408	15.50	2.20	93.99	91.06	6216.8	0	3376.3	7919.1
2021—2022年合计			23	3	0	676.2	0.0	3.5	0	150.9	1178	641	0	19	0	150	0	972	24	221818	18.10	3.83	107.96	106.03	12645	0	4254.3	9958.1

附表6-2 江苏省中型灌区"十四五"规划建设内容与效益表（2023—2025）

灌区类型	序号	灌区名称	渠首工程（座）改建	渠首工程（座）改造	灌溉渠道(km)新建	灌溉渠道(km)改造	其中灌溉管道新建	其中灌溉管道改造	排水沟(km)新建	排水沟(km)改造	渠道建筑物(座)新建	渠道建筑物(座)改造	管理设施(处)新建	管理设施(处)改造	安全设施(处)新建	安全设施(处)改造	计量设施(处)新建	计量设施(处)改造	信息化(处)改造	投资(万元)	恢复灌溉面积(万亩)	新增灌溉面积(万亩)	改善灌溉面积(万亩)	改善排涝面积(万亩)	新增供水能力(万m³)	灌溉周期缩短(d)	年新增节水能力(万m³)	年增粮食生产能力(万kg)
1	2	3	4	5	6	7	8	9	10	11	12	13	14	15	16	17	18	19	20	21	22	23	24	25	26	27	28	29
一般中型灌区	1	下邳灌区	2	0	0	7	0	0	0	2	12	11	0	2	0	0	0	10	0	5120	0.18	0.00	0.50	0.00	0	0	87	72
	2	三合圩灌区	8	0	0	33	0	0	0	9	0	41	0	1	0	0	0	5	0	4560	0.00	0.03	0.60	0.00	0	0	34	45
	3	草场圩灌区	5	0	0	15	0	0	0	6	0	30	0	2	0	0	0	5	0	2225	0.00	0.00	0.20	0.00	0	0	35	28
	4	羽山水库灌区	0	0	0	4	0	0	0	3	64	10	0	2	0	9	0	9	1	4000	0.70	0.10	0.80	0.20	0	2	100	80
	5	贺庄水库灌区	0	2	0	12	0	0	0	10	56	6	0	4	0	4	0	20	1	4110	1.00	0.00	0.40	0.20	0	2	150	90
	6	横沟水库灌区	0	1	0	3	0	0	0	10	114	6	0	5	0	10	0	3	1	8000	2.00	0.00	2.00	0.20	0	2	120	80
	7	连西灌区	11	0	19	24	13	7	6	32	440	41	0	18	0	116	0	46	1	11950	0.16	0.00	4.01	3.28	0	1	128	200
	8	王集灌区	0	2	1	10	0	0	0	10	48	14	0	11	0	200	0	18	1	4140	0.00	0.00	1.20	1.00	120	1	60	30
	9	红领巾水库灌区	0	0	0	9	0	0	0	5	38	0	0	3	0	260	0	5	1	5950	1.01	0.00	1.20	1.50	80	1	80	40
	10	花元灌区	10	4	0	6	0	0	0	6	64	4	0	1	0	35	0	43	1	6841	0.31	0.00	0.80	0.80	700	1	200	100
	11	沿湖灌区	0	0	0	95	13	0	4	6	0	10	0	5	0	10	0	14	1	11417	0.50	0.30	0.80	1.50	50	1	50	55
	12	朱桥灌区	0	0	2	13	0	0	1	6	11	48	0	11	0	55	0	33	1	7080	0.08	0.00	2.00	0.40	0	1	50	50
	13	刘集红光灌区	0	0	2	2	0	0	1	12	1	57	0	7	0	61	0	50	1	7320	0.13	0.00	0.20	0.10	0	3	50	40
	14	秦桥灌区	0	0	5	2	0	0	3	1	54	7	0	7	0	30	0	11	1	3660	0.02	0.00	0.30	0.20	200	2	50	50
	15	后马灌区	0	1	3	4	0	0	4	1	16	5	0	1	0	20	0	3	1	2200	0.20	0.00	0.05	0.20	30	3	50	45
		小计	36	10	29	237	27	7	13	115	906	284	0	80	0	810	0	275	12	88573	6.29	0.63	15.06	9.48	1180		1244	1005
重点中型灌区	1	汤水河灌区	3	0	0	13	0	0	1	1	0	30	0	17	0	0	0	10	1	34240	2.44	0.00	0.50	0.00	0	2	582	479
	2	石白湖灌区	0	0	0	133	0	0	95	60	0	12	0	11	0	0	0	10	1	18000	0.00	0.00	0.76	0.00	0	0	150	200
	3	金牛湖灌区	1	2	0	71	0	0	60	0	7	1	0	1	0	60	0	9	0	28720	1.52	0.10	5.30	0.00	0	2	390	346
	4	大沙河灌区	0	2	0	203	0	0	0	0	69	211	0	248	0	741	0	123	1	49400	1.73	1.24	9.88	0.00	0	0	680	580
	5	郑集南支河灌区	0	0	0	110	0	0	0	0	17	91	0	137	0	708	0	118	1	47200	1.65	1.18	9.44	0.00	0	0	620	450

续表

灌区类型	序号	灌区名称	渠首工程(座)		灌溉渠道(km)				排水沟(km)		渠道建筑物(座)		管理设施(处)		安全设施(处)		计量设施(处)		信息化(处)	投资(万元)	预期效益						
			改建	改造	新建	改造	其中灌溉管道		新建	改造	新建	改造	新建	改造	新建	改造	新建	改造	改造		恢复灌溉面积(万亩)	新增灌溉面积(万亩)	改善灌溉面积(万亩)	改善排涝面积(万亩)	新增供水能力(万m³)	灌溉周期缩短(d)	年新增节水能力(万kg)	年增粮食生产能力(万kg)
							新建	改造																			
1	2	3	4	5	6	7	8	9	10	11	12	13	14	15	16	17	18	19	20	21	22	23	24	25	26	27	28	29
重点中型灌区	6	上级湖灌区	0	0	0	151	0	0	0	6	1	268	0	196	0	249	0	31	1	33561	1.56	0.00	1.43	0.95	163	27	28	29
	7	五段湖灌区	0	0	0	80	0	0	0	0	5	210	0	162	0	156	0	26	1	15600	1.30	0.00	1.14	0.00	262	0	180	326
	8	房亭河灌区	0	1	0	19	0	0	0	2	0	31	0	36	0	330	0	154	1	22200	3.90	0.00	0.40	0.00	0	1	195	206
	9	沙集河灌区	1	1	0	109	0	0	0	71	22	219	0	672	0	639	0	166	1	59800	6.00	1.50	7.50	11.88	456	1	720	864
	10	民便河灌区	1	0	0	144	0	0	0	4	4	176	0	444	0	610	0	230	1	21533	0.00	0.00	0.10	0.10	50	1	500	600
	11	拱新灌区	0	3	0	58	0	0	0	57	129	83	0	94	0	72	0	64	1	32920	1.66	0.00	3.00	2.00	500	2	400	400
	12	不牟河灌区	0	2	0	231	0	13	0	7	0	354	0	879	0	222	0	362	1	38000	4.50	0.08	2.90	2.18	0	1	600	231
	13	焦港灌区	0	0	120	8	186	0	21	252	41	6	0	340	0	320	0	280	1	45000	0.06	0.08	12.00	2.70	0	2	1000	840
	14	如环灌区	0	0	258	100	184	17	60	356	25	65	0	60	0	70	0	70	1	16200	0.90	0.00	3.24	7.82	1267	2	1100	432
	15	新通扬灌区	0	0	0	101	4	0	93	356	49	10	0	413	0	435	0	1280	1	59780	1.40	0.49	15.77	1.35	1800	2	297	227
	16	叮当河灌区	0	0	0	8	186	0	21	7	41	6	0	340	0	480	0	280	1	57350	3.59	0.00	13.50	20.59	0	2	1488	296
	17	界北灌区	1	0	105	22	2	0	27	101	130	33	0	227	0	500	0	15	1	60000	0.82	0.00	18.00	23.46	2400	2	360	1000
	18	淮连灌区	0	0	120	100	184	17	60	252	256	65	0	60	0	127	0	70	1	26512	0.12	0.00	14.56	12.25	800	2	310	1100
	19	运西灌区	2	0	77	4	0	0	0	143	47	86	0	2	0	140	0	137	1	43400	2.20	0.00	17.50	24.00	460	2	198	350
	20	三墩灌区	1	2	0	62	0	0	0	6	0	214	0	10	0	14	0	25	0	13000	1.00	0.00	3.80	0.00	400	2	1000	180
	21	临湖灌区	0	0	1	6	0	0	15	60	56	20	0	4	0	20	0	17	1	40000	3.14	0.60	4.44	15.00	650	3	150	180
	22	黄响灌区	3	5	33	12	0	0	0	8	238	13	0	1	0	1	0	26	1	37280	2.00	0.00	2.50	0.50	550	1	680	540
	23	陈涂灌区	0	0	0	180	0	0	0	98	119	120	0	12	0	42	0	183	1	44000	2.10	1.10	10.80	7.20	400	2	460	375
	24	川南灌区	1	1	0	29	0	0	0	46	7	98	0	3	0	7	0	21	1	31200	5.98	1.30	8.20	0.30	1200	1	729	840
	25	东南灌区	5	0	0	66	0	0	0	80	3	26	0	1	0	20	0	10	1	21920	0.54	0.00	10.42	17.80	0	1	560	480
	26	宝射河灌区	0	7	0	5	0	0	0	59	10	256	0	2	0	105	0	105	0	57280	2.02	0.00	15.70	0.00	0	2	150	180
	27	三堆河灌区	0	0	0	125	0	0	0	88	501	132	0	16	0	368	0	145	1	34800	0.43	0.00	8.41	16.87	2160	2	435	552
	28	三阳河灌区	0	1	0	77	0	0	0	0	0	197	0	10	0	40	0	200	1	23600	0.00	0.00	6.60	0.00	500	0	600	490
																												401

续表

灌区类型	序号	灌区名称	渠首工程(座) 改建	渠首工程(座) 改造	灌溉渠道(km) 新建	灌溉渠道(km) 改造	其中灌溉管道 改建	其中灌溉管道 改造	排水沟(km) 新建	排水沟(km) 改造	渠道建筑物(座) 新建	渠道建筑物(座) 改造	管理设施(处) 新建	管理设施(处) 改造	安全设施(处) 新建	安全设施(处) 改造	计量设施(处) 新建	计量设施(处) 改造	信息化(处) 改造	投资(万元)	恢复灌溉面积(万亩)	新增灌溉面积(万亩)	改善灌溉面积(万亩)	改善排涝面积(万亩)	新增供水能力(万m³)	灌溉周期缩短(d)	年新增节水能力(万kg)	年增粮食生产能力(万kg)
1	2	3	4	5	6	7	8	9	10	11	12	13	14	15	16	17	18	19	20	21	22	23	24	25	26	27	28	29
重点中型灌区	29	沿江灌区	16	3	23	123	0	0	10	178	165	536	0	21	0	120	0	60	1	23270	0.31	0.75	2.90	1.05	500	3	28	29
重点中型灌区	30	黄桥灌区	0	0	0	208	0	0	0	0	14	10	0	0	0	0	0	0	0	24000	2.20	0.00	9.80	9.80	176	0	200	300
重点中型灌区	31	皂河灌区	0	0	194	98	38	0	0	196	75	315	0	324	0	250	0	148	1	45600	0.80	1.00	16.00	18.40	1170	2	350	250
重点中型灌区	32	淮西灌区	0	0	0	116	1	0	0	103	13	78	0	13	0	31	0	69	1	48200	0.00	0.00	19.20	24.10	1470	3	500	366
重点中型灌区	33	新华灌区	1	0	0	110	0	0	0	0	110	84	0	14	0	13	0	42	1	43000	6.45	0.00	13.20	21.50	1935	2	356	437
		小计	35	30	932	2884	785	47	307	2337	2154	4056	0	4768	0	6786	0	4486	30	1196566	62.32	9.54	268.89	241.79	18769		756	455
2023—2025年合计			71	40	961	3121	812	54	320	2451	3060	4340	0	4848	0	7596	0	4761	42	1285139	68.60	10.17	283.95	251.27	19949	0	17196 18439	14953 15958

后记

本书共有 10 个章节,具体编写分工为:全书的体例结构及统稿工作由叶健负责;前言、综合说明、第 1 章由沈建强负责编写;第 2 章由姚俊琪、蒋伟负责编写;第 3 章由姚俊琪、刘敏昊负责编写;第 4 章由蒋伟、张健负责编写;第 5 章由姚俊琪、孙浩负责编写;第 6 章由刘敏昊、王志寰负责编写;第 7 章由姚俊琪、蒋伟负责编写;第 8 章由姚俊琪、张健负责编写;第 9 章由蒲永伟、王志寰负责编写;附表由姚俊琪、王洁、彭亚敏、刘晓璇负责校核;插图由高丽萍、姚俊琪、蒋伟、彭亚敏负责完成。相关市县水利部门及设计单位参与编写工作。